心理咨询与治疗系列教材

人为中心疗法

[英] 伊万·吉伦（Ewan Gillon） 著
方双虎 等 译

Person-Centred
Counselling Psychology
An Introduction

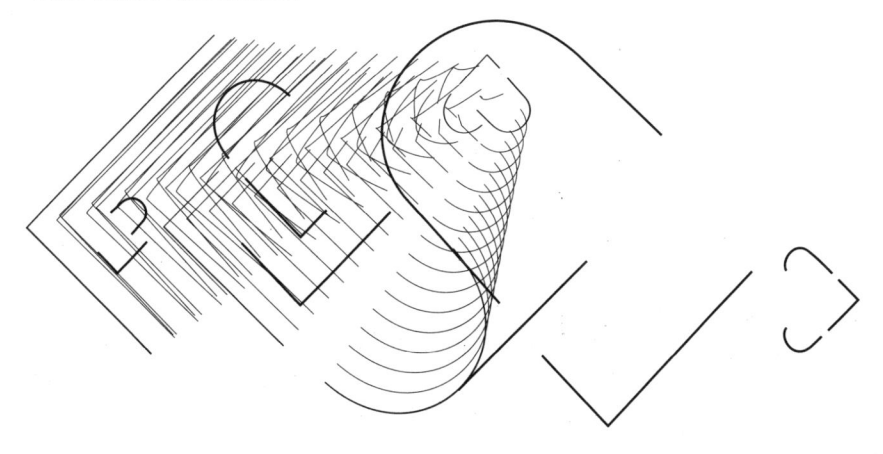

中国人民大学出版社
· 北京 ·

致　谢

在我探究并创作这本书的过程中，得到了来自各方人士的支持、帮助（甚至是忍受！），我要对他们表示由衷的感谢。但我要特别感谢米克·库珀和阿兰·富兰克林，他们在许多章节上给予了我见解深刻、充满智慧的反馈，并且由始至终都热情地支持和鼓励我。我还要感谢同在格拉斯哥卡利多尼亚大学的朋友和同事，他们为我创造了时间和机会让我能集中注意力完成这本书。此外，我还要感谢以下一些人给予我的帮助和鼓励，毫无疑问，如果没有他们，我一定还在构思第 4 章或第 5 章。他们是：苏格兰咨询心理学分会的成员 Jeremy Hoad, Lindsey Fidler, David Melhuish, Keith Sutton, Kirsten Jardine, Richard Payne, Paul Flowers, Brian Johnston, David Craigie, Jean Stewart, Lisa Marshall, Heather Macintryre, 爱丁堡市绍斯赛德中心的 Nicola Stuckey, Angie Fee, 东安格利亚大学心理咨询机构的所有成员——Sylvia Russell, Mike

Marsland，以及 Dave Mearns，Conor McKenna，Helen，Angus and Kirsty Gillon, and Ann Hodson。同时，我还要向圣智出版公司的同事们表达我真挚的谢意，感谢他们一直以来从未间断的鼓励和帮助，尤其是对于我一直拖延交稿日期的行为，他们不但原谅我，还一如既往地支持我。最后我要向朱莉娅（Julia）表达我深深的感激，感谢她对我无私的关爱和支持，感谢她在生活中不遗余力地温柔提醒我。谨以此书献给她，以及我们可爱的天使儿子弗尔迪（Ferdie）。

前　言

巨著《成为作家指南》（1981）一书的作者多萝西娅·勃兰特（Dorothea Brandt）认为，所有的作品都是某种程度上的自传。因此，本书不仅仅涉及它的主题——人为中心咨询心理学，而且还可以找到关于我自己的蛛丝马迹。当然，本书的中心也随着我事业立脚点的不同而改变着，从学术心理学家到人为中心咨询顾问，最后到现在的咨询心理学家。

在涉及这些不同专业领域期间，我需要解决一些类似于彼此间如何联系这样的问题，尤其是人为中心疗法是如何与当代心理学相联系的，而当代心理学还是优先注重以实验方法和专家意见来理解人类环境的。我很清楚调和不同的世界观是颇有难度的，对于怎样以心理学的视角去清晰地理解人为中心疗法，我也未能给出一个明确的解释。

本书的主旨就是将人为中心疗法作为一种心理学形式，对其进行一个清晰、全面且与时俱进的评价,从而指出这一不足。本书将从心理学的角度介绍人为中心疗法的历史、理论、实践和内容,供那些对当代咨询心理学感兴趣的读者使用,他们可能不熟知人为中心的概念和方法的复杂性,也并不清楚人为中心疗法所带来的挑战和机遇。

近些年来,人为中心疗法往往遭到误解,并被简化在当代心理学的领域之内,这带来了一些很严重的后果。因此本书的另一个目的就是要触及那些在人为中心疗法中被人们遗忘、曲解和忽视的领域(如其研究传统),并使这些领域重新得到关注。但本书并不是一种史实性的叙述。近年来个人中心结构框架内的众多发展使得这些研究得以进行。因此,除了其自身发展,本书还强调了作为心理治疗的一种现代形式,人为中心疗法的活力及其地位变化,关注到它对于心理治疗理论和实践独一无二的贡献,以及它和其他心理学传统领域重叠的部分。

毫无疑问,这本关于人为中心疗法的书将会引发一系列的连锁反应。这些反应更多地取决于个人,一些人会直接忽略此书,认为它毫无意义,而另一些人则会从此书中受到启发(我希望大部分人都属于后者)。然而,不管是哪种反应,我都希望对于那些从业者和当事人来说,这本书中至少包含一些让他们雀跃的地方,如让他们评估个人体验。当代(西方)心理学认为,人为中心疗法提供的是激进甚至是突破性的观点,即从业者对于他的当事人来说,首先而且最重要的应该是一个人,而不是科学家或者心理学"专家"。这和其他备受推崇的治疗方法不同,它们是提倡、鼓励用专业竞争和文化压力来推动其自身的发展。

人为中心疗法给人们的则是另一种选择,它的许多方面也都符合咨询心理学日益严谨的要求。因此本书的目的就是向咨询心理学家、受训者、从业者及其他人说明人为中心理论和实践在当代心理学领域中的地位。

什么是咨询心理学？

咨询心理学是应用心理学的一个种类。1982 年英国心理学会（BPS）正式引进咨询心理学，并成立了咨询心理学部门。尽管咨询心理学现在是 BPS 的一个分支，和临床心理学及职业心理学有同等的地位，但是咨询心理学和其他种类的应用心理学有着显著的不同，即它的哲学视角和对当事人主观体验的强调。在实践中，这表现于以下领域（Strawbridge and Woolfe, 2003: 9）：

- 实践的价值基础；
- 主观体验、感受和意义；
- 在与当事人交流中心理学家共情的参与；
- 设身处地地接受当事人的主观世界，并相信它是有意义和有效的；
- 不带有任何求真的态度去弥合各种观点和世界观的分歧；
- 对体验的定性描述；
- 敏锐的洞察力和日益增长的选择能力；
- 实践出真知，强调实践的重要性。

在这些基础之上，很明显可以发现咨询心理学所假定的是这样的态度，即高度强调当事人的敏感体验及其价值，而不是追究体验的来源或心理学中那些老生常谈的"客观的"知识。

任何接触过心理学的读者都会认为这是某种程度上的人本主义思想（Maslow, 1954），并可能由此得出咨询心理学家主要是人本主义从业者的结论。然而，这是一个过于简化的观点，因为咨询心理学促进了治疗"真理"多样性的发展（Frankland and Walsh, 2005），且对依赖于心理学中主要传统或"范式"的治疗方法——作了评价，如：认知行为主义、心理动力学、存在—现象主义和人本主义。

事实上远不止如此，它还积极地鼓励从业者认识到，一种治疗方法并不能治愈不同情况下的每一位当事人。因此，咨询心理学家用一系列理论和与临床相一致的治疗方法来满足当事人不同的需要。虽然这种做法可能会使那些仅忠于某一种治疗理论的心理学家陷入两难境地，但是咨询心理学把目标定位于在社会建构主义框架内强调心理知识的争议性和治疗"真理"的多样性（即没有一种方法是完全"恰当的"），则缓和了这些心理学家的两难处境。因此，咨询心理学家经常被要求回应他们在实践中不可避免会遇到的具有争议性的问题，但不是孰对孰错的问题。这种要求也可视为区分从业者与咨询心理学家和心理治疗师的一种特征，后者一般致力于某一种治疗理论，如人为中心、认知行为主义或其他理论。

由于咨询心理学包含了多种治疗观点和方法（或通常被称为简单多数；Goss and Mearns, 1997），因此澄清本书的标题"人为中心疗法"的意义十分必要。人为中心疗法是一种嵌入到咨询心理学领域中的心理疗法，而这一领域强调的是治疗理论和实践的心理学基础。但这也并不是说随随便便就可以成为人为中心咨询心理学家。这种定义会与咨询心理学的多元基础准则产生冲突，因此它是一个自相矛盾的术语。

除了澄清这些定义，理解专业术语也十分重要。在本书中我试图列出人为中心疗法中经常涉及的可互换的那些单词，比如"顾问""心理咨询师""从业者"和"治疗师"。我这样做是为了避免特定立场导致的身份定位问题。尽管本书关注的是作为咨询心理学的一种形式的人为中心疗法，但并不是所有的读者都可以成为咨询心理学家，所以许多人可能也就不会再坚持咨询心理学所采用的哲学立场。此外，虽然咨询心理学强调没有一种方法是永远"恰当的"，但也不能因此就对人为中心疗法进行断言。它也像其他治疗方法一样，促进其自身理论和实践向最为适合处理心理不适的方向发展。这些意见之间的分歧不是那么容易就能解决的，而分歧也会因为心理知识的不同哲学观点而出现。虽然这些观点将在第 8 章进行深入探讨，但是对于那些希望从咨询心理学角度来使用人为中心疗法的人来说，这些分歧所突出的仅仅是他们需要面对的众多挑战中的一个。

形式和内容

任何试图从心理学角度探索人为中心疗法的人都会发现，有许多可能存在的途径可以用来讨论和探讨。而本书的内容着重于清晰理解人为中心疗法和心理学领域之间的复杂关系。因此，我在独自探讨过程中的关键思考引导了本书的内容，这些关键思考有以下几个。首先，要对人为中心疗法的理论基础和实践基础有一个清晰的了解，并对它的历史发展脉络有明确的认识；其次，要了解人为中心疗法的主要理论以及实践在当代咨询心理学中的地位；最后，无论是不是咨询心理学家，都要能够确定训练从业者或从事人为中心疗法的工作者的关键过程和问题。本书就是围绕这三个主题展开叙述的。

本书前四章主要介绍了作为一种咨询心理学方法的人为中心疗法，探讨了它的历史发展过程（第1章）、理论主张（第2章），而后就是各种实践方法。关于实践方法的研究是通过以下两种不同的方式进行的：一是通过介绍该方法的理论纲要（第3章）；二是通过在"案例研究"中呈现两个实例介绍，来展现人为中心疗法在"行践"中是如何真正起作用的（第4章）。相较于单纯的理论学习，对这些观点的结合运用能让读者对人为中心疗法有个更全面的了解。

本书的第二个主题是把我们的视角放置于当代咨询心理学背景下来研究人为中心疗法。具体来说，包括介绍人为中心疗法的哲学理念和实践与咨询心理学领域的四个主要范式如何相互联系（第5章）；人为中心疗法在当代心理健康方面尤其是处理严重心理困扰问题上的地位（第6章）；人为中心疗法关于心理研究以及当下心理学实践中强调的"基于证据"的观点（第7章）；最后是人为中心疗法与从社会建构学家视角或从批判的角度做出的理论评价和当代心理学领域的运用的关系（第8章）。

本书结尾部分（第9章）主要探讨了一些具有心理学背景的人想要接受人为中心培训或想运用人为中心疗法的有关问题。对于那些对人为中心疗法很感兴趣的读者来说，本书第三个主题尤其重要，而且本书还提供了大量的材料。因此，本章只提供了一些简短的相关因素和程序介绍，感兴趣的读者能在进一步的全面培训中获益，从而对人为中心疗法、咨询和咨询心理学领域的知识有一定的了解。

至此，我已做了一些基本的"场景设置"，我们将迎来第1章，开始探索作为一种心理治疗形式的人为中心疗法的历史和发展。

目 录

第 1 章　人为中心疗法的起源和发展

简介 / 1
为新方法做准备 / 2
人为中心疗法的早期发展 / 7
以当事人为中心这一观点的发展（1945—1964） / 13
从当事人为中心到人为中心及其超越
　（1965—1987） / 18
人为中心咨询心理学进入新千年 / 22
本章内容提要 / 25

第 2 章　人为中心取向的人格理论与个体差异

简介 / 27
人的模型 / 28
人格的发展 / 34
本章内容提要 / 47

第 3 章　人为中心心理治疗

简介 / 49

治疗理论 / 50
"核心"条件 / 51
共情 / 53
无条件积极关注 / 58
一致性 / 62
把所有核心条件视为一种条件？ / 66
心理接触、当事人的不一致和
　治疗师沟通的条件 / 67
人为中心取向的实践方法 / 71
本章内容提要 / 80

第4章　促进改变的过程：行践中的人为中心心理咨询

人为中心疗法中关于改变的过程 / 82
案例研究介绍 / 86
本章内容提要 / 107

第5章　人为中心疗法和心理咨询的四个范式

简介 / 108
人本主义范式 / 109
存在现象学范式 / 114
心理动力学范式 / 122
认知行为范式 / 130
本章内容提要 / 140
附注 / 141

第6章　人为中心疗法及其对心理健康的当代实践：处理心理障碍

简介 / 142

目录

关于"障碍"的医学模型 / 143
医学化的心理学 / 145
医学化的障碍：人为中心视角 / 146
人为中心治疗是另一种选择 / 153
人为中心疗法对心理障碍的分类 / 155
治疗精神病——"前治疗"的作用 / 159
本章内容提要 / 162

第7章 人为中心方法及研究

简介 / 164
关于人为中心研究的简要历史 / 166
基于证据的实践和人为中心疗法 / 176
本章内容提要 / 190

第8章 社会建构主义和人为中心疗法

简介 / 192
社会建构主义简介 / 193
社会建构主义和人为中心疗法 / 196
本章内容提要 / 212

第9章 人为中心从业者的培训

简介 / 213
什么是人为中心培训？ / 214
对人为中心从业者的培训 / 215
鉴定机构和培训途径 / 217
人为中心咨询顾问 / 218
人为中心心理治疗师 / 219

心理咨询师 / 220
人为中心培训的基本要素 / 221
督导 / 233
学生评估 / 235
为人为中心培训课程做好准备 / 235
下一步 / 238
本章内容提要 / 239
附注 / 239

参考文献 / 240
索引 / 257
后记 / 278

第1章
人为中心疗法的起源和发展

简 介

咨询心理学中的人为中心理论有一个漫长而复杂的历史。如其他主要的心理学运动一样，它形成于特定历史和非凡的人类改革的一次动态结合。正是在这种环境下，美国 20 世纪早期出现了一位革新人物——卡尔·罗杰斯（Karl Rogers）。

关于罗杰斯丰富发展人为中心疗法的文章有很多，但主要都是关注他的个人背景和人格（Thorne，1992）。事实上，他本人与人为中心疗法的理论和实践的关系实在太过紧密，因此很多人将人为中心疗法称为"罗杰斯疗法"。但是，仅仅以某一个人的成就来理解人为中心咨询心理学，这对于他所倡导的运动的多样化和根本性质而言是有点不公平的。此外，这一说法也没有考虑到更广泛的政治氛围和哲学影响，而这些对于促进心理学成为一种人为中心的形式也起到了重要作用。罗杰斯本人不喜欢"罗杰斯疗法"这个术语，他认为这个说法太不准确了，而且会对那些想要灵活运用人为中心疗法的人有太多的限制。此外，他还经常提到历史在促进西方世界最流行和最具影响力的心理疗法的形成中所发挥的作用。

那么究竟是什么使得这个非凡的人成为现代心理学最杰出的人物之一，而同时又使他饱受争议呢？

为新方法做准备

卡尔·罗杰斯：简传

就像在他之前的很多人一样，卡尔·罗杰斯走上心理学的道路并非一帆风顺。罗杰斯生于 1902 年，童年的大部分时光都是在农场帮忙种庄稼和给马装挽具，这些事情让他对周围的环境充满好奇心。受早期经历的影响，罗杰斯决定到威斯康星大学学习农业科学。大学生活是极具启发性的，罗杰斯也接触到了许多新的思想、学习领域和人。他有了新的激情和想法，就像基督徒信仰的福音。随着他的视野不断扩大，他越来越质疑自己奉献农业的未来职业规划，思考生命中除了他原先的想法是否还有其他的东西可以尝试。经过长时间的思考和一系列的变动，罗杰斯毕业了，他拿到了历史学的学位。但这并不是他在大学的全部收获，他还和自己青梅竹马的女孩海伦·艾略特（Helen Elliot）结婚了，海伦曾劝罗杰斯更应该坚定自己的抱负，而不是未来的职业规划。

毕业后，罗杰斯改变了自己的道路，在纽约协和神学院接受牧师培训。他花了两年时间在这里学习，但他从来没有对此感到后悔，他反而因此确认，宗教教义的约束对他后来兴趣的发展是很有帮助的。他在即将毕业的时候离开了学校，并对心理学产生了极大的兴趣。通过两年的夜校学习，他掌握了扎实的心理学知识。对于罗杰斯来说，他从事的应用心理学职业和之前准备从事的牧师职业有很多重叠的部分。因此他决定再次改变方向，这次他选择的是临床与教育心理学专业培训。接下来是在一个儿童研究所里当助理的成功时期，他完成了博士论文的研究（开发一个儿童人格特质的测验），并获得了第一个正式的职位，那是 1928 年。最后他是在罗切斯特社会保护儿童所里担任专业心理学家，并在这里度过了随后的 12 年。

虽然在罗切斯特的职位并不理想，报酬低而且专业不对口，但它给罗杰斯提供了与各种各样的儿童及其父母接触的机会。对于那些社会能力被剥夺的儿童来说，实践的困难在于需要一种实用主义方法，而罗杰斯也在这种情况下做了他力所能及的事情。在此期间，他发现了一系列开展心理学工作的更好的方法，其中有许多都对当时的"建议—提示"的治疗模式提出质疑。除此之外，他还积聚了一些自己的治疗经验，这些经验最终帮助他发现了一种把当事人的需求和动机放在治疗中心位置的方法。他讲述了一个在儿童研究所时能够突出此方面认识的典型案例（Rogers，1961：11-12），在其中他描述了他和一位与他一起工作的母亲的谈话：

> 问题显然在于早期她对孩子的排斥，但是经过许多访谈之后，我还是不能使她接受这种看法。……接着，她转而问道："你曾在这里对成年人进行过辅导吗？"当我肯定地回答

后她说道："嗯，那么，我也想进行一些咨询。"……然后她开始倾诉她对自己的婚姻的绝望，她与丈夫的糟糕关系，她的失败感和混乱感，所有这些都与她之前所述的枯燥乏味的"案例史"不同。之后真正的治疗开始了，而且最终取得了成功。这一事件仅是众多事件中的一个，这些案例使得我接受了这样一种事实，即当事人自己最清楚给他们带来伤害的是什么，他们应该朝什么方向走，最重要的问题是哪些以及哪些体验被深深埋藏了。我开始认识到，除非我需要证明自己的聪明和学识，否则，在咨询的过程中，由当事人自己去引导咨询的方向效果会更好。

诸如上述那些实践经验对罗杰斯产生了深远的影响，再加上他对于自己所采取的另一种心理治疗方法的认识逐渐增强，这些都为一种以当事人的体验为中心，而不是以治疗师的专业知识为中心的新方法奠定了基础。他的观点得到了当时美国本土心理学的进一步补充，当时的美国心理学流派众多且各流派互相对立，但考虑到未来的各种新的可能性，罗杰斯的理论亦让人兴奋不已。

20世纪20年代和30年代的美国心理学

在罗杰斯为儿童研究所工作期间，心理学已经成为一种十分流行的专业活动，同时心理学家们在各种不同的领域内进行研究工作，如改善人们在工作场所中的表现，协调家庭关系（Leahey, 1991）。当时许多心理学研究的重点，往往是自然科学原理在社会背景下的应用。这常表现为标准化心理"测验"（通过这些测验，能够更科学地理解和控制人类的心理和行为）的广泛应用。这些测试的效用已经在美国卷入一战（1914—

1918）时得到证实，在此期间，心理学家们已经发现自己在选择服兵役的男性时起到了关键作用。这一作用以及它所提供的许多机会，证实了心理学能够在国家级的重大事件中发挥重要作用，也强调了把科学原理运用到人类行为领域的价值。

当时，人们是因为行为主义的原理而得知心理测验的突出作用的（Watson，1917），而行为主义本身最为关注的就是可观察的（和可测量的）人类活动的表现。这种方法极具吸引力，既因为它坚持实证主义、科学的方法（即搜寻行为的一般"法则"），以使这种方法和行为主义的准则相一致，从而追求其科学地位，还因为它提供了处理一系列社会和个人问题的可能性。行为主义主张，人类活动可以通过特定外在刺激（例如，童年时侵犯行为被鼓励或强化）与特定行为反应（例如成年时的暴力行为）之间的科学联系而被理解（并且可以对其进行管理），看似这一主张对于推动一门享有科学性同时具有社会有用性的心理学学科的形成提供了极好的方式。而当时它唯一的真正竞争者就是精神分析法，在19世纪晚期和20世纪早期，该方法通过西格蒙德·弗洛伊德（Sigmund Freud）的著作而被引入美国（如Freud，1938）。

精神分析法阐述了与压抑的欲望和心理冲突相分离的"无意识"精神的许多有趣概念。在19世纪和20世纪之交，这些概念在美国的反叛青年中迅速流行开来，一开始这些青年（错误地）认为，弗洛伊德对正常表达生理需要的强调，意味着不抑制性欲就是一种精神健康的表现。但是，医学界对于心理学在治疗精神疾病中的异军突起的作用感到恐慌，于是迅速地吸收了弗洛伊德思想的生物学基础，精神分析由此迅速发展为一种精神病学（医学类）治疗方法，而非一种心理学方法。一些注意到弗洛伊德的成功治疗案例的心理学家，为了不被淘汰，也开始练习使用他提出的一些技术，到了20世纪30年代精神分析也成为心理学领域一股不可忽视的势力。尽管如此，主流心理学仍然受到行为主义思想以及通过"科学地"管理刺激与反应之间的联系来改变行为的原理的推动（在当时仍然只是在实验室中用老鼠和鸽子来演示证明这些原理）。这些思想与时代很好地契合起来，这是一种进步和变革，并嵌入到"现代主义"关于强调人类通过科学手段得以进化的重要性的哲学理念中。这种哲学理念在20世纪初的美国引起了很大的共鸣。

美国心理学：1900—1940

自19世纪末工业革命以来，美国在其社会和经济结构快速城市化的过程中受到了束缚。随着工业化生产方法的扎根，许多人在新的、"城市的"环境中找到了职业，这就迅速地创造了一个相对于传统的以农业为中心的美国而言更多样化、更宽容的社会。这些差异造成了冲突，同时，那些陶醉于新的选择和城市生活的人开始放弃维多利亚时期严格的乡村生活的价值观，道德问题因此日益凸显。美国加入第一次世界大战，进一步推动了其日益增长的工业力量，同时也使它无心关注自身的社会问题。然而，这是短暂的，而且在新工业的工作场所（通常不惜一切代价采用"科学管理"技术，以此来提升效率和利润），以及在新的"城市"社会，骚乱问题很快再次出现。这一形势非但没有因为迅速变化的制造业主导的经济的发展而有所缓解，反而几乎完全受制于动荡的股市。

1929年，股市崩盘，把整个国家及其公民推到了一个现在称为"大萧条"的时代。失业情况日益严重，社会福利方案（其实方案很少）似乎不能帮助数百万努力挣扎的人走出入不敷出的困境。到 1933 年，美国人民已经受够了，他们用双手紧紧抓住了新总统所提出的"新政"，这个新总统就是富兰克林·罗斯福（Franklin D. Roosevelt）。新政的目的在于使美国产生一些根本性的变化，从而使过去的裂痕弥合并产生一种新的进步的民族精神。然而，实际上，新政就只是一个庞大的社会再生计划，这个计划充满探索性和各种可能（Barrett-Lennard，1998）。

心理学家在许多即将实施的福利方案方面，都为自己设想了一个明确的角色，但是行为主义学派和精神分析学派在观点上的冲突，使得他们各自提出了自己对当时许多困难的不同解决方案。但更重要的是，这些方案提供的许多工具，根本不符合 20 世纪 30 年代处于贫穷中的美国的心理学实践的现实。这就给心理学提出了许多问题，正如基尔申鲍姆（Kirschenbaum，1979：256）所描述的：

> 越来越多的心理学家、治疗师和其他专业人士，每天在诊所、学校、咨询室、部长办公室、家庭和机构中处理数以千计有心理问题的当事人。在大多数情况下，很显然精神分析是不恰当的。那些从对老鼠和鸽子的研究中得到的学习原理似乎也与此无关。行为疗法方面的工作尚未开始。对于大多数问题，心理测试结果和诊断只是答案的一小部分。这些非分析、非实验室导向的专业人士将走向何方？

人为中心疗法的早期发展

在大萧条之前和大萧条期间，以及随后的"新政"实行期

11　间,卡尔·罗杰斯继续坚定地在儿童研究所工作。他深深地受到了其在周围看到的身处绝望情境的人们的影响,并渴望帮助他在临床实践中遇到的广大人群。然而,不可避免的是,他不但没有提供帮助反而不由自主地陷入精神分析和行为主义的治疗方法的斗争中,他也经常遇到只支持这两种方法之一的医学和心理学同事。虽然这些人之间存在分歧,而且他们所支持的观点常使罗杰斯觉得他是在"两个不同的世界中运行",且这两个世界"从来不会相遇"(Rogers,1961:9),但是,他们之间的冲突,在容许他考虑各方的优点从而避免受到任意一方的劝诱上,是卓有成效的。

奥托·兰克的影响

在这一时期对罗杰斯产生最大影响的人物之一就是奥托·兰克(Otto Rank)。奥托·兰克是奥地利精神分析学家,原本是弗洛伊德的"圈内"成员之一,但是,由于他认为精神分析很少注意到个体的"意志"或自主权,所以他逐渐地从弗洛伊德的精神分析方法中脱离出来。继他的书出版(如1936年出版的《意志疗法》)之后,兰克挑战了弗洛伊德的一些主要理论,他提出,个人的"意志"对于促进愈合起着极为重要的作用。他还认为,体验到一种与治疗师之间的强烈的、积极的关系,是促进当事人心理成长的主要手段。这与弗洛伊德对于当事人与治疗师之间的关系的构想形成了鲜明的对比,弗洛伊德认为当事人和治疗师之间的关系是理解当事人障碍根源中的无意识冲突的一种主要手段。

虽然罗杰斯与兰克仅在1936年见过一次面,但是罗杰斯通过他两个同事的研究开始熟悉兰克的观点,这两个同事是塔夫特和艾伦（Jessie Taft and Frederick Allen），他们两个都支持"兰克治疗法"（Merry，1998）。塔夫特（Taft，1937）对罗杰斯产生了巨大的影响，尤其是她十分强调使用特殊心理"技术"来促进积极治疗关系，如评估程序和提供咨询意见。此外，她在整个治疗时期的记录的公开性，使得罗杰斯可以详细研究她工作的性质，并且再次对其治疗程序加以理解。

专栏 1.1　意志疗法和人为中心疗法

兰克"意志疗法"的许多方面在罗杰斯关于人为中心疗法的最初构想中都有所反映（Kramer，1995）。意志疗法是各种观点的复杂混合，通常被称为"关系疗法"，拉斯金（Raskin，1948）将其简化为以下条目：

● 所有人都会体验到各种关于生活危险和惧于死亡的冲突。因此，之于生活，我们每个人都是矛盾的。

● 心理障碍或"神经症"都源于对生活中的矛盾的过分关注。

● 意志疗法的目标是让个人在所体验的矛盾中接受自己的独特性和自立性。这种接受涉及释放他们的"积极"的意志。

● 在治疗过程中，当事人是核心人物，治疗师鼓励当事人通过释放积极意志来接纳自我并自力更生。这暗示，治疗师应避免采取任何行动，如"解释"，因为这会抑制积极意志，引起消极意志。

● 自我接纳和自力更生是通过体验与治疗师现有关系的积极意志实现的，而不是通过对过去的解释实现的。

● 治疗的结束象征着生活中的所有分离，因此它能够代表个人的"新生"。

行为主义和其他因素的影响

当奥托·兰克为罗杰斯的治疗工作提供了精神分析背景时，行为主义范式的科学性、经验性准则也为建立一个新的视角奠定了基础。尽管罗杰斯的兴趣在于治疗关系，但是他仍赞同行为主义心理学家希望用自然科学准则来理解和形成人类行为的想法。然而，因为没有找到明确的方式，又要谨防忽视当事人的体验和观点，所以他只是试探性地把他广博的治疗知识同关于心理学工作的自己的实践经验结合在一起，以形成另一种心理视角。

罗杰斯在他的第一本书《问题儿童的临床治疗》（*The Clinical Treatment of the Problem Child*, 1939）中第一次特别地介绍了他的人为中心观点，强调了治疗师的行为应以当事人为导向的重要性。罗杰斯认为，一个优秀的心理学家必须具有以下品质：客观，尊重当事人，理解自我，心理学知识广博（Rogers, 1939）。在他为美国明尼苏达大学的学生和教师作报告时（此时他还是俄亥俄大学的心理学教授），他详细地阐述了他的人为中心观点。在这次报告中，罗杰斯颇具挑衅性地将其命名为"心理治疗中的新概念"，他指出，促使治疗取得成效的最重要因素就是治疗师对当事人采取非指导性疗法。相对于大部分以治疗时间决定治疗成效的心理实践（其中主要依靠的是心理学家的知识来解决当事人的问题）而言，他建议从业者应该关注与当事人所建立的治疗关系的质量，倾听当事人的想法，并帮助当事人找出他们的症结所在，而不是自己讲述。

不可避免地，提倡一种全新的方法，例如，心理学家并不提供意见也不利用他们的专长以确定解决方案，是注定不被一些人接受的（Thorne, 1992）。但是，那些不满于当时心理治疗方式的限制，尝试寻找一种和当时社会环境更贴切的治疗方式的人，却甚是支持这种方法。罗杰斯已经准备好了，他将提出一种满足一切治疗目的和意图的新方法——第一个人为中心疗法，非指导性疗法。

非指导性疗法

在继续丰富他的非指导性治疗关系的想法时，罗杰斯开始思考非指导性原则应如何与一种更为常见的治疗方式相结合。1942年，他出版了他的另一本书——《心理咨询和心理治疗》(Counselling and Psychotherapy)。在这本书中罗杰斯将治疗关系描述为温暖和彼此关怀的，认为应该把焦点放诸现在，而不是过去。因此，支持这种看法的心理学家就会关注倾听和理解当事人每时每刻的体验（如认知、情感、身体感觉等），而非给出他自己的意见或建议。虽然罗杰斯没有直接提到这种关注的转变，但它和现象学的许多观点有相似之处。现象学是一种极具影响力的哲学运动，强调"此时此地"主观体验的重要性（Husserl，1977）。

除了描述非指导性治疗方法的基本原则，罗杰斯还提出了如何把它们转化成一种工作方法。这种方法强调的是对当事人自身体验的"回应"的过程（Rogers，1942）。罗杰斯特别鼓励关注当事人的基本感觉，把它们视为与个人体验关系最密切的方面。因此，应该鼓励治疗师重复或者重组（用不同的话来描述）当事人之前的话语，主要关注他们的情感方面。

> **专栏1.2 一个"回应"的例子**
>
> **心理学家**：我今天有什么能帮你的吗？
> **当事人**：嗯，我真的不知道我为什么会来这里。我在数

周前进行了预约，现在却觉得有点傻，事情还没有真正变得像我害怕的那么糟糕。

心理学家：你觉得傻是因为在这个时刻，事情没有向你所担心的方向发展，而且你不确定事情是否真的已糟糕到让你来见我的程度？

当事人：嗯，是的，我觉得很失落，但并没有崩溃。

心理学家：所以你觉得低落，但也仅仅如此而已？

当事人：（热泪盈眶）我想是这样的。

罗杰斯认为，这种"表达—回应"的对话（Barrett-Lennard，1981）有两个作用。首先，它使治疗师可以和当事人一起直接地检验他是否理解了当事人的"参照系"（即他们的看法、态度和感情），以确保他在任何时候都能理解当事人的"参照系"（Brodley，1996）。这避免了任何可能的错误解释，而错误解释会导致当事人感到自己被误解或被评价（因此降低温暖的关怀的治疗关系的质量）。其次，罗杰斯认为回应能鼓励当事人更加关注自己的感受（即不管治疗师的回应是否正确，当事人都能自我检查）。这能深化个人体验，个人体验反过来又能增强自我认识、自我接受，从而使个体拥有个人自主。罗杰斯认为，在这两个过程中，温暖的带理解色彩的治疗关系和个人体验的深化，是与心理成长和治疗成效关系最为密切的两个主要方面。他认为并不需要进一步的技巧，也不需要更多的指导与解释，他的具体陈述如下（Rogers，1942：113-114）：

心理咨询关系，是指由于接受性带来的温暖的，不施予咨询师任何压力或胁迫的，让咨询者最大限度地表达感情、态度及问题的咨询关系。这种关系是一个结构良好的、对当事人的独立性和攻击性以及对咨询师的责任和影响力都有所限制的关系。在对这种定义明确的框架内的完全情感自由的体验中，当事人可以完全自由地识别和理解其自身的积极或消极冲动及模式，这是其他关系所不能提供的。

在那时，罗杰斯概述的非指导性方法提供了一个完全不同的心理学实践途径。这引起了人们极大的兴趣，1945年，罗杰斯到芝加哥大学为他的想法做进一步研究。这也吸引了一批志趣相投的教员和毕业生同他一起组建了一个"咨询中心组"，并且其中的很多人都致力于把非指导性方法运用于社会和治疗的各个领域。

以当事人为中心这一观点的发展（1945—1964）

在《心理咨询和心理治疗》出版后的几年里，对非指导性疗法的评价既有褒奖，又有值得人思虑的批评。很多心理学家认为这种回应的非指导性疗法是一种过于简单的工作方法。他们认为这种仅仅对当事人鹦鹉学舌的过程是极有限制性的，对那些极具洞察力的当事人之外的人的帮助很少（Kirschenbaum, 1979）。但是，对非指导性疗法的这种解释完全不是罗杰斯所主张的，他主张的是一种比相互作用更为复杂的方法，这种方法是指，在温暖的、关爱的和支持的治疗关系的情境下，治疗师注意当事人每时每刻的体验和认知（Merry, 1998）。然而，这种批评深深地刺痛了罗杰斯，他于1951年出版了《当事人中心治疗》（*Client-Centred Therapy*）。这本书很好地总结了他结构严谨的科学研究项目的成果，测验并提炼了非指导性疗法的主张，以应对、处理那些对他观点的质疑。选择以"当事人中心"为标题，确实是本着很慎重的态度，因为这一术语旨在转变对非指导性疗法过于简化的机械的阐述，而且非指导性疗法也太过于凸显这种治疗方式的特性。

当事人为中心疗法

《当事人中心治疗》（1951）让罗杰斯可以完善他所关注的焦点，也可以讨论他的心理学工作方法的根据。正因如此，他强调的是治疗情境中态度的作用而不是行为的作用。以这个立场而言，一个心理学家的非指导性很少被描述成关于回应的机械活动，更多的是指治疗师对当事人的态度，当事人对一种尊重的和温暖的态度的期望促使其基于自身体验和需求做出自己的选择。此后诸如"回应"之类的技术就被当做"实现"（Patterson，2000）这一态度的一种可行方式加以探讨。同时罗杰斯也强调以这样的术语来明确共情性理解的作用，他认为这也是成功治疗的核心构成部分。

除了为当事人为中心疗法提供了综合实践基础外，这本书还让罗杰斯得以描述关于当事人为中心疗法的人格发展理论。这是相当重要的，因为罗杰斯不但被指责其治疗方法具有局限性，还被指责无法提供详细的关于人格的心理分析及引起心理障碍的原因的分析。在结尾一章"人格和行为理论"（Rogers，1951）中，罗杰斯介绍了他所命名的"19项建议"，从当事人为中心的角度来描述人格的发展。这些建议再次吸收了实验科学的准则，也被以实验心理学研究这条线组织起来，用"如果……那么……"的阐述方式为每一项建议提供了全面的心理学证据。

罗杰斯关于人格的这一章被广泛看作是极具洞察力和极为重要的，同时在美国心理学团体内，它的确促进了当事人为中心疗法地位的提升（Evans，1975）。确实，现在罗杰斯备受尊敬的地位是在1956年获得美国心理学协会颁发的卓越科学贡献奖之后被正式巩固的。

> **专栏1.3　当事人为中心疗法的科学基础**
>
> 尽管当事人为中心疗法的哲学理念、术语以及步骤完全不同于认知行为疗法，但罗杰斯在丰富发展自己想法的时期内，最主要的愿望仍是把其治疗模型置于经验心理学的框架内。所有的非指导性疗法的最初建议都源自实践，随后通过实验心理学技巧进行测试和修订，并以此为1951年的《当事人中心治疗》奠定理论基础（Rogers，1951）。确实，构成这个理论的19项建议中的每一个，都是系统地用"如果……那么……"这种要求做出进一步的科学验证和分析的术语进行阐述的。经验主义心理学的影响力和找出心理障碍中固有的关系的需求是罗杰斯工作的中心，尽管这经常由于他把治疗重点放在个人的主观意义和体验上而被遗忘。我们将会在第7章讨论人为中心疗法发展过程中有关研究的意义。

当事人为中心疗法的发展

继《当事人中心治疗》出版后，罗杰斯和他的助手们在芝加哥中心继续为他们的工作而奋斗。研究成为核心活动，且不断关注对当事人为中心疗法的心理学研究。1954年，罗杰斯在其和戴蒙德（Dymond）共同编订的名为《心理治疗和人格改变》（*Psychotherapy and Personality Change*，Rogers and Dymond，1954）一书中，特别介绍了许多研究。这些研究主要关注心理治疗过程的特性和结果,并继续为当事人为中心疗法所依赖的多项建议提供实验基础。它们也使罗杰斯从两方面来进一步发展自己的理论。

第一,1957年罗杰斯在其文章中第一次确定了六个关系条件,并将此视为当事人为中心疗法得以实施的必要且充分条件(Rogers,1957)。其中包括常见的条件,如共情、温暖和接受(他后来把后两者结合命名为无条件积极关注)。然而,还有一些新概念,如一致性(咨询师意识到他或她自己的感情和体验)以及咨询师和当事人在心理接触中的治疗前提(Rogers,1957)。事实上,对罗杰斯的治疗方法最著名的陈述是在这之后发表的,即在1959年的一本集著中发表的(Rogers,1959),而极具讽刺意味的是,这本集著是在他1957年的文章之前完成的,只是随后出版受到了耽搁。1959年的集著概述了治疗的六个必要且充分条件,尽管是在其人格和动机理论的综合解释的背景下以复杂的(且稍有区别的)形式表现出来的。事实上,这一本集著至今还被认为是关于当事人为中心疗法的理论及实践的详尽陈述(Tudor and Merry,2002)。

罗杰斯第二个理论发展和治疗过程有关,他在1957年领取美国心理学协会颁发给他的卓越科学贡献奖时所做的演讲对此进行了细述。在这次演讲中,他阐明了他的这个发现,对当事人功能在整个心理成长过程中的作用给予了系统的描述。罗杰斯提出了七个体验阶段或者是不同的层次(Rogers,1961),当事人会在这些治疗阶段中成功地获得健康的心理,有效地完成从巴雷特-勒纳德描述的"固定的、亲密的、使自己永远存在的功能模式到流动的、开放的但完整的状态"的转变(Barrett-Lennard,1998:67)。对许多人来说,对当事人治疗过程的规划,代表的是因对当事人为中心疗法的无知而造成的一个真实损失（Worsley，2002），鼓励发展治疗技巧和策略，从而帮助来访者从一个体验阶段转向另一个体验阶段。但罗杰斯认为，对心理改变的科学理解，仅仅是另一种对弄明白在心理治疗过程中什么在起作用及为什么的尝试。

成为全球性的方法

20世纪50年代中期，尽管罗杰斯仍处在当事人为中心活动的最前沿，但他还是决定离开芝加哥，回到威斯康星大学的心理学和精神病学学院，并重新在这两个部门活动。他认为这是一个重要的机会，可以把心理和医疗领域联系起来。然而，现实却比他想象的更难（Thorne，1992），他很快发现一些学校教师十分死板且固执己见。此外，关于当事人为中心疗法对精神分裂症人的应用的研究（一般称为威斯康星项目）也困难重重，当事人为中心疗法对患有严重心理障碍的来访者的适用性也缺少确凿的证据（McLeod，2002）。因此，罗杰斯日觉失望，而且在有机会加入新成立的加利福尼亚西部行为科学研究所（WBSI）时，他发现自己很难拒绝这个重新开始的机会。就在出版了他最成功和最具影响力的书——《论人的成长》(*On Becoming a Person*，1961)不久之后，罗杰斯于1963年搬到了加利福尼亚。比起一般沉闷的学术书，《论人的成长》是一本非常具有个体针对性的书，它详细地介绍了当事人为中心的准则在生活各个领域中的应用，如教育、创造力和亲密的人际关系。正是这本书的成功，让罗杰斯成为一个家喻户晓的名字，也第一次容许他深思熟虑，质疑他在早期工作生涯中所经历的一些根本性的社会剥夺。

从当事人为中心到人为中心及其超越（1965—1987）

罗杰斯搬到加利福尼亚之后，当事人为中心疗法的发展显著，其准则被推广到更大范围的治疗和福利机构的应用中。罗杰斯本人也积极地参与其中，而且用自己现在的名人身份支持美国会心团体的发展（见专栏1.4），同时推动当事人为中心疗法在社会各领域乃至全球问题中的应用。工作重点的转移——从当事人为中心朝着更整体化的基于人为中心准则的运动发展，如无条件积极关注和共情，反映在其名称——人为中心疗法——的转变中。这次很慎重地选择了人为中心这个名称，意味着该方法已经被推广到更广泛的情境中去，而不仅仅局限于心理治疗领域（"当事人"一词所暗示的）。尽管适用范围扩大了，这一方法在治疗方面的作用仍然是很重要的，并且人为中心疗法也继续影响着人本主义心理运动的发展，罗杰斯与其他心理学家，像马斯洛（Abe Maslow）和弗里茨·皮尔斯（Fritz Perls），从20世纪50年代起就密切参与到人本主义心理运动中去了（Cain，2001）。

罗杰斯和人为中心运动

离开威斯康星州之后，罗杰斯就去了加利福尼亚的西部行为科学研究所（WBSI）任职。在那里，他个人的能力得到了提升，变得更为专业，并且他花费了大量时间研究如何把人为中心准则应用到更广泛的社会问题中去。1969年，他再次不满于大学制度的限制，和其他志同道合的人在加利福尼亚州拉吉拉建立了人的研究中心。这个中心在把人为中心准则运用到一系列问题中这一方面给来自不同领域的专家们提供了一个分享经验和交流兴趣的机会。另外，它也为罗杰斯继续研究怎样实践自己的超越心理学传统的想法提供了一个平台（他将其命名为"常驻会员"）。

他20世纪70年代中期的著作，反映了他的这一兴趣，他出版的著作和发表的文章涉及以下内容，如教育、婚姻、社会、会心团体及对从业者的帮助。这些广泛关注给专业心理学带来了一些难题，罗杰斯对使用经验科学的步骤来测试他的观点的兴趣降低，反而倾向于强调体验和意义在概念化问题中的重要性。对一些人来说，罗杰斯在这条路上走得太远了(O'Hara, 1995)，因为他在没有任何关于实验检验的资源的情况下就把人为中心准则应用到一般问题上去，而这一检验和实验心理学使用的具有限制性的术语迥然相异。在那时有一系列关于当代定性研究的充满活力的、概念上的专业化方式供罗杰斯选择，因此也为这一实践所需的框架结构提供了另一种选择。然而，这些方式都还在雏形阶段，这使得罗杰斯的研究被视为口头的而不是科学的，尤其是他在心理学准则方面的研究。这使得他的公信力和声望下降，并导致人为中心疗法作为心理治疗中的一种合法方式的地位被逐渐削弱了。

专栏1.4 会心团体

由于罗杰斯的兴趣和参与，现在人为中心疗法常和20世纪六七十年代的会心团体相联系。会心团体是由一些互不相识的人组成的小团体，但他们同意在一个安全可信赖的环境中碰面一次或有限的次数，以便能深入开放地彼此交流。会有一个人来促成会心团体的建立，这个人的工作就是鼓励成员用非防御方式来加深联系，但同时也要维持界限，诸如时间之类的限制。尽管会心团体获得了深刻的、发展性的经

> 验，但其参与者却以无节制出名，他们自由地表达各种感觉，而不考虑常规社会交流的各种限制。因此，它们也变成了自我放纵的代名词，尽管这有些不公平。

随着20世纪80年代的到来，罗杰斯日益卷入到与世界和平和全球关系有关的事件中去，他出版了一些书，发表了一些文章，都旨在阐明他对未来核武器的可怕冲击力和社会持续动荡的国家，诸如北爱尔兰（在这里他开展了社区建设活动）的持续不断的问题的看法。事实上，直到1987年去世之前，罗杰斯都在为他的政治目标而奋斗。鉴于他对推动世界和平的贡献，罗杰斯被提名诺贝尔和平奖。遗憾的是，他去世之后才被提名，留下了许多关于写作和研究的遗产。尽管他的逝世是不可估量的损失，但凯恩（Cain, 1993）指出，罗杰斯的许多原始术语（如"自我概念"）到现在都还可出现于一般心理话语中。这也验证了罗杰斯对心理学准则的深远影响，这种影响一直持续至今。

经验的人为中心视角的发展

20世纪七八十年代，罗杰斯的兴趣在于把人为中心准则应用到社会中而不是临床中，此时他以前的许多同事和其他合作人则从一个完全不同的方向来研究人为中心疗法。根据罗杰斯对于心理过程的讨论和对于治疗改变的七个阶段的描述（Rogers, 1961），许多旨在提高当事人能力以使其更为健康的不同方法被探讨并得到了发展。在这方面影响最为深远的一位就是盖德林（Gendlin），他是罗杰斯在威斯康星大学的同事。盖德林对促使当事人改变感兴趣，因为在威斯康星参与研究用人为中心疗法治疗精神分裂症人时，他注意到这些当事人的行为与他们的内在体验息息相关,比如他们的个人感觉(Gendlin,1964)。这使他发现了一种促使当事人发挥潜能并理解其感受到的体验的方法,他称之为聚焦(Gendlin,1978)。

聚焦最初被概述为,根据治疗专家的一系列步骤,当事人进一步关注自己是如何感受某一特定问题的。并非简单地通过关注必要且充分的条件去相信这些联系就能实现聚焦,盖德林认为,通过治疗师介绍和引导的特定过程使当事人更加积极地检验自己的"体验性感觉"(Gendlin,1996)能更有效地实现聚焦。盖德林提出的治疗侧重点的改变,从主要依靠治疗关系到涉及治疗过程的方向的改变(但并不是当事人体验或谈论的内容,和那些涉及给予建议和解释说明的方法不同),是对之前人为中心准则不从任何方面指导当事人的一大突破。

差不多在同一时期,出现了另一个相似的运动,该运动对确定治疗中当事人的特定过程(试图解决内在冲突)及对此的强调方式感兴趣(Rice,1974),这受到从业者的拥护。尽管现在这一领域的从事者将其称为过程—经验疗法(我将会在第3章进行更深入的论述),但其发展确实再一次表明,治疗师从完全的非指导性角色向为当事人提供可行的技巧和方法这一更加积极的角色转变,从而使当事人更健康。这个角色的提出是以盖德林的观点(Gendlin,1964)为基础的,它帮助当事人处理自己更深刻的个人体验,促使心理发生改变,从而与罗杰斯描述的不同层次之过程相一致。因此,在经验领域内,治疗师可以使用大量丰富的技巧和方法促使个人体验形成。但是这样的做法,使经验视角超出了罗杰斯自己提出的人为中心的合法性范畴,即他1959年提出的非指导性的当事人为中心疗法。这也是人为中心领域存在较大争议的一点。

古典的人为中心视角的发展

虽然在人为中心框架内的一些人转向了经验的人为中心视角，但许多人仍致力于罗杰斯1959年提出的人为中心疗法的初始理论和早期实践。持有这种立场的人反对经验视角，主要是因为经验视角腐蚀了最初构想的人为中心疗法的独特准则和特性（Swildens，2002）。这些从业者使用古典的人为中心疗法，并把他们工作的方式命名为古典的人为中心疗法，以体现他们对罗杰斯在1959年提出的当事人为中心疗法的经典理论和实践的忠诚。

1990年，芭芭拉·布罗德利（Barbara T. Brodley）阐明了她及其他倾向于古典的人为中心疗法的人的担心，对支持经验视角的从业者所采取的指导性行为和态度甚为忧虑。她在《当事人为中心疗法——包含什么？不包含什么？》（Client-Centred Therapy—What it is? What it is Not?）一文中，对人为中心合法化的范畴给出了一个更为细致的定义。她赞同应该强调治疗师的非指导性角色，建议只有在当事人明确地要求得到帮助或者意识到技巧能有帮助的时候，治疗师才能直接地确定通过技巧进行干预（比如聚焦）。这给倾向于经验视角的从业者带来了巨大的挑战，按照这样的定义，他们中的许多人不再确定自己使用的到底是不是人为中心疗法。布罗德利及其他(e.g. Bozarth，1996)倾向于古典视角（也常被视为不知变通的人为中心疗法）的人也认为，人为中心疗法应该是非指导性的，任何带有指导性的行为都应该遭到反对。然而，如预料的一样，这引起了人们极大的愤怒。

人为中心咨询心理学进入新千年

1988年那件被桑恩（Thorne，1992）描述为类似于"正统观念大战异端邪说"的事件,是指一个既有支持经验视角的从业者参与又有支持古典视角的从业者参与的会议。可以肯定的是,在当时的会议上以及自那之后,关于人为中心疗法可以并应该是什么以及不是什么的讨论日益高涨。愤怒往往源于恐惧,所以毫无疑问,这两种观点的持有者都害怕对方观点的呈现;支持古典视角的从业者急于保留最初设想的人为中心疗法的核心,而支持经验视角的从业者害怕其方法会被精神病学家和心理学家们边缘化(e.g. Elliott, 2002)。

为了使这场辩论能取得一致的结论,许多从业者(Lietaer, 2002)试图通过为当代环境下人为中心疗法的本质和基础的定义提供核心基础,来找到这两种视角的一些共同领域。其中最著名的或许要数桑德斯了,他提出了一系列关于人为中心范畴的准则(Sanders, 2000)。

除了大量的二级准则外,他还确定了三个主要的标准,必须同时符合这三个标准才能属于人为中心疗法的合法范畴。它们是:

(1)深信当事人能够最大限度地发挥自己的潜能。

(2)认识到罗杰斯(Rogers, 1957)描述的治疗条件对于心理变化的发生都是必要的(不管使用的是什么"技术")。

(3)对当事人要采取非指导性的态度,至少是对当事人表现出的内容而言。(例如,治疗师试图自己决定当事人要思考或者要谈论的话题,就是不可行的。)

这三个标准强调了治疗关系的重要性,指出了在使用技巧或方式上如何对当事人给予许可的导向,也设置了一个明确的界限,从而使当事人能处理自己的困难(即治疗过程),但这并不是说去决定这些困难是什么,其产生的原因,其影响,或者解决办法(即治疗内容)。从这个立场来说,许多方法都可被认为把我们带回到罗杰斯的一些早期思想上去,即强调当事人自己的观点和体验的重要性,避免在治疗时给予解释和建议的思想。因此,它受到了大家的欢迎,被视为联系过去、现在和未来的纽带。

其他方面的发展

除了经验视角的持续发展(Greenberg et al.,1993),以及它与古典视角的持续争论(Brodley,2006),最近几年还涌现出了其他许多关于人为中心的理论和实践领域,给从业者在应用人为中心疗法时提供了一系列新的想法和实践方式。桑德斯(Sanders,2004)认为,这些发展代表了当代人为中心疗法的主要优势,为重新发现其对心理学视角的独特贡献注入了很多活力和动力。桑德斯(Sanders,2004:17-19)还认为,人为中心疗法的主要优势表现在以下几个方面:

- 前治疗——人为中心疗法的一种演变形式(Prouty et al.,2002),旨在帮助那些有严重心理障碍的人(如精神病)。
- 多元自我——用人为中心疗法的理论成果去解释当代心理学对"自我"的理解,即由许多不同的"完型"构成的实体(e.g. Cooper,1999)。
- 超越实现倾向——人为中心疗法强调社会环境对心理改变的重要性(Mearns and Thorne,2000)。
- 对话策略(Schmid,2003)——把人为中心疗法看作是治疗师和当事人共同创造对话的一种发展性理解。
- 脆弱且不稳定的过程——人为中心理论及实践的一种形式,重点关注治疗那些有人格障碍或其他严重心理障碍的人（Warner，2000）。

● 人为中心疗法作为一种根本的伦理道德行为——这是一种理论上的探析，强调了人为中心疗法作为人类联系的一种形式的道德伦理基础（Schmid，2001；Grant，2004）。

● 精神性及人为中心疗法——对人为中心疗法与其他精神传统及实践的关系的分析日益增加（Thorne，2002；Moore，2004）。

在许多方面，本书可以详细探讨所有这些令人兴奋的领域的工作，审查其对人为中心疗法的发展作出的日益重要的贡献。但是，这样的任务会忽视人为中心疗法许多重要的基本方面，既有对它作为一种心理治疗形式的发展方面的忽视，也有对其归诸咨询心理学领域时的理论和实践的忽视。因此，当我们初步涉及这些前沿研究领域时，我们应该先了解人为中心疗法的基础，然后再去详细了解它的理论、实践及内容。这也应该是我们现阶段的任务，在下一章我们将探讨人为中心疗法的人格理论和个体差异。

本章内容提要

- 基于自身的治疗经验、精神分析学家奥托·兰克的理论思想以及经验心理学的科学准则，卡尔·罗杰斯提出了人为中心疗法。
- 人为中心疗法于1942年首次被正式提出，它既不同于行为主义方式，也不同于心理动力学方式。
- 尽管一开始被命名为非指导性疗法，但罗杰斯在1951

年将其更名为当事人为中心疗法。

- 当事人为中心强调了当事人和治疗师之间的温暖的、关爱的关系的重要性。
- 1957年罗杰斯提出了治疗改变得以发生的六种必要且充分条件。其中包括三种所谓的核心条件——共情、一致性、无条件积极关注。罗杰斯1959年的作品现在被公认为是对人为中心疗法理论及实践描述最确切的版本。
- 20世纪70年代早期,当事人为中心疗法被更名为人为中心疗法,这表明它代表的是一系列可应用于许多社会情境中的准则,而不仅仅是关于心理治疗的方法。
- 卡尔·罗杰斯逝世于1987年,就在他被提名诺贝尔和平奖之前。
- 关于人为中心疗法应该包括什么内容,随着时间的发展而有不同的解释。其中最主要的两个是经验视角和古典视角。
- 近些年来人为中心疗法理论及实践有许多创新,比如自我"多元"模型的发展,这使得它成为当代咨询心理学中一个极具活力的领域。

第 2 章

人为中心取向的人格理论与个体差异

简 介

正如我们在前面的章节所说的，1951年卡尔·罗杰斯在他的著作《当事人中心治疗》中第一次提出了人为中心的人格和动机理论。该理论的主要依据是他的工作经历和实践经历。随后通过科学检验，这些理论都得到了详述和理解，并且有一部分理念是源自他周围人的影响，如奥托·兰克。基于大量的临床实践经验，罗杰斯的理论并不像一般学术理论那样枯燥，充斥着哲学复杂性和隐喻。它取材于现实世界，是基于治疗实践的人格理论，而不是围绕其他方式建立的人格理论（例如行为疗法）。

尽管1951年罗杰斯最初的治疗作品中所涉及的理论，从一定程度上来说只是一种试探，但1959年他丰富发展了自己的观点，随后发表了一份科学声明（Rogers, 1959），且这个声明是由大量研究发现支撑的。正如一些持有自然科学准则的心理学家期望的那样（Evans, 1975），1959年的声明提供了一系列关于"如果……那么……"的推论，把婴儿时期的特征和随后自我发展及心理能否健康的潜能相联系。这些治疗主张在今天依然是古典的人为中心取向的人格理论的基石。

在这一章，我们将探讨罗杰斯的人为中心取向的人格理论，重点关注与心理功能及障碍相关的动力学观点。任何人格理论中，都会有一些在治疗中提出的基础概念（或建构）。我们应优先对其进行试验，而不是考虑它们与其他发展主题是如何联系的。所以，我们应先弄清人为中心疗法关于人的理论观点（或模型）以及其中三个主要的构想。

人的模型

实现倾向

罗杰斯的人格理论最重要的基础是，每个人在成长发展过程中都有一种固有的生物倾向。这种倾向是就人的整体水平而言的，被视为一种单独的基本动力，驱使人们找到自己独一无二的潜力（Merry, 1995）。不同于通常设想的那样，在理想的情况下给个人提供一个设计好的蓝图（Bozarth and Brodley, 1991），实现倾向的定义是（Rogers, 1961: 351)："所有人类生活和生物体中一种非常常见的指导性趋向，是延长、扩大、成长、成熟的驱动力，是一种表达机体或自我所有能力的趋向。"无论它发生在什么情况下，都是一种关于分化与自主、自我调节与控制的趋向（Rogers，1961）。

关于促进成长的指导性倾向的概念在心理学的人格理论中并不常见，而且罗杰斯的许多基本观点都借鉴了其他人本主义理论学家如马斯洛（Maslow，1954）和精神分析学家的观点（c. f. Rogers，1987）。然而，实现倾向本身就是一个常被误解的概念，它常被视为关于人性及其基础的积极看法（e. g. Wheeler, in Wheeler and MacLeod，1995）。通过假设一种关于成长和发展的整体倾向，实现倾向被认为是关于人类本质的一种看法，即每个人本质上都是善良的，邪恶只是人类社会功能的产物。然而，威尔金斯（Wilkins，2003）认为，人为中心传统很少涉及用这种对成长的指导性倾向来校正类似的道德评判。尽管实现倾向是一个可信的、有建设性的动力，使得机体能最大限度地促进自己潜能的发挥，但它并不对人们内在的善良进行任何的贬义评估。威尔金斯（Wilkins，2003）认为，和道德评价标准不一样的是，这是一种社会建构，且仅仅承认一种建设性成长的内在倾向（在某些情况下，可能被视为积极成长，能激发人的行为，但在其他情况下，可能相反）。

近年来，实现倾向日益被卷入一种创新力量控制全人类和生物的观点中去。这一普遍化的有助于成长的倾向（Rogers，1980）被理论学家们用许多从物理学跨越到哲学的准则所强调（Ellingham，2002）。诚然，关于机体、自我约束的复杂性、内在关联性的倾向，可能在分子生物学中更为常见（Zohar，1990），因为它处于人类心理功能之内。在人为中心取向的传统中，对这种倾向的信任，与个人表达一样，绝对是临床实践的重心。这种有助于成长的倾向或实现倾向被视为是符合每个人的独特生活环境和潜能从而可以促进成长和改变的。因此，实现倾向的释放或促进为人为中心疗法的治疗实践奠定了基础。

机体价值

人为中心取向的人格理论中有一个非常重要的相关概念，即作为生物整体的人类机体。校正实现倾向的过程就是一个持续的以生物学为主导的评估过程，此过程能够让我们每一个人对增加或维持我们自身需求和潜能的体验进行评估（Rogers，1959）。因此，饥饿时我们渴求食物，愿望没有实现时我们会愤怒。这些体验在某种程度上使我们的感觉（比如渴求食物或者感到愤怒）能有一个对应物（比如想到"我饿了"之后就会寻找食物）。

对于许多人为中心从业者来说，机体价值通常代表着真实或真正自我（Van Kalmathout，1998），因为它不是社会功能，亦非自然属性或外部影响的产物。而且尽管机体价值不是一个明确的意识活动，但它可能是我们体验中不可忽视的组成部分。比如，穆尔（Moore，2004）认为，"自我反应"到"自我约束"的转变是一种深刻的更为本能的过程，在这之中她遇到了可靠的"但仍然微弱的声音"（Gendlin，1964），即一种持续的、本能的感受，反映的是超越观念、态度和信念的存在要素。很多时候，这种声音可能被认为与机体价值而不是与意识自我关联的社会学习、反应性理解的关系更为密切。

自我

和对机体评估的归因一样重要，罗杰斯提出了一个构想来

第2章 人为中心取向的人格理论与个体差异

描述我们对自我的意识及对世界的看法。他把这个构想命名为自我或自我概念,这种构想受到了史尼格和考姆伯斯(Snygg and Combs,1949)的人格理论的深刻影响。他们的人格理论强调个体意义凌驾于其他意义,但二人的"现象学说"与行为主义和精神分析观点有极大的分歧与冲突(见专栏2.1)。

尽管一开始罗杰斯声明他对自我这个概念并不感兴趣,还认为它是毫无用处、毫无意义的术语,但在临床实践中,他越来越意识到当事人自我体验的重要性。他发现,许多与之交谈过的人,在说自我时,都是用诸如真我或我的真正自我这样的词(Rogers,1959)。这个观察为许多理论反思提供了动力,关于自我的概念也于1947年被提出,而且这一概念最终被整合为自我理论,成为1951年提出的人格理论的一部分。在之后即1959年关于人为中心理论的描述中,罗杰斯把自我定义为:

> 那些有结构的、和谐一致的概念完型,其组成是主格我或宾格我的特征,对主格我或宾格我与他人及其生活各个方面的关系的知觉,以及与这些知觉有关的价值观。(Rogers,1959,cited in Kirschenbaum and Henderson,1990a:200)

在这一定义里,自我被看作是个人的主观现实,仅此而已。这种看法是很激进的,因为仅从知觉方面对其予以定义,任何牵涉到无意识内部过程的可能性都被排除在外了。他把自我看成仅是个人对于自己和周围的世界看法的简单综合。而事实上,在自我的定义中消除任何牵涉到无意识的观念都是实用主义的体现,而不是教条主义的体现。正如我们日后会看到的那样,罗杰斯也承认了无意识确实会影响个体的行为和体验

(Coulson，1995)。然而，为了保证他的理论有科学依据，他小心翼翼竭力避免引入任何无法被验证的理论，不愿自我理论因为牵涉到无意识领域而变得复杂。罗杰斯把自我视为一种现象建构，也同样使得能同他对当事人的体验和知觉的强调保持一致。而自我的任何其他方面都有可能会引起质疑。

专栏 2.1　史尼格和考姆伯斯的人格现象学理论

唐纳德·史尼格和亚瑟·考姆伯斯是 20 世纪 40 年代至 20 世纪 50 年代在美国工作的心理学家。在发展他们的人格理论中，他们对自己所命名的行为有机体的现象非常感兴趣，这是基于传统现象学的哲学理念提出的观点（Husserl，1977），这种观点强调主观意义凌驾于其他意义。史尼格和考姆伯斯（Snygg and Combs，1949）提出，要想真正了解个人的行为，了解这个领域是极其重要的。所有的行为对于个体来说都是有意义的，因此必须从现象学的视角来看待。然而，这些意义极有可能因为人们认识世界的方式不同而有所不同。因此，要想理解任何形式的行为，都必须了解促使个人行为发生的个人认知。史尼格和考姆伯斯（Snygg and Combs，1949）由此得出，心理观察者必须将自己的假设和解释"分开"，要完全信赖那些被观察的相关个人。在这种情况下，要想深度了解个人，就必须理解与任何行为相关联的主观意义。这种观点与行为主义仅强调可观察到的行为截然不同，与强调无意识冲突和过程的心理分析也迥然不同。

虽然罗杰斯经常使用"自我"这个词，但让人困惑的是，人为中心理论也经常使用自我概念和自我结构这两个词来表述个人对自己以及对周围世界的看法（Tudor and Merry，2002）。不过，对不同方面的体验的不同强调决定了需要一个

特定术语，而罗杰斯则简要区分了这些方面（Rogers，1951）。"自我概念"一词通常是用来指个体对自己的看法（例如，我是一个快乐、随和的人）。与之对比，自我结构或自我是一个更加全面的建构，它是指个体应对世界的整个脉络（Tolan，2002）。这整个脉络不但包括个体对自己的看法和信念（即自我概念），也包括更笼统意义上的自我知觉和信念。因此，自我概念可被视为自我结构或自我的一个组成部分，尽管在实践中人们是很难区分清楚的。

自从人为中心倾向的人格理论提及自我这一概念以来，罗杰斯对自我的最初构想已经在很多方面得到了探讨和发展。一些理论家对这些观点提出了修正。例如，霍德斯托克（Holdstock，1993）认为自我是一个关系建构（牵涉到我们与他人及世界的联系），而不是个人认知和体验的混合。其他人都是从动力学角度研究认知是如何构成自我完型（Mearns，1999）或内在个体的（Keil，1996）。后者的工作相当重要，因为它强调的是自我概念的多元化观点（即由许多不同的可能性成分或"位置"构成），而不是罗杰斯（Rogers，1957）所提出的单一实体，而且他的这一观点已经遭到了社会建构主义（Sampson，1989）的强烈批评。然而，对现在人为中心理论中的自我概念而言最重要的仍是，它被看作是可觉察到的自我（Van Kalmathout，1998），而不是以一种超越个体意识的方式来调节行为或控制行为的任何内在心理因子。

到目前为止所讨论的人的模型强调的是人为中心疗法的人格理论的三项核心建构。正是这些因素之间的相互作用构成了每个个体的人格（Nelson-Jones，2005），通过绘制从婴儿时期开始的发展图可以最佳地理解这个过程。

人格的发展

婴儿的特点

罗杰斯（Rogers，1959）在自己的理论中描述了其命名的"人类婴儿的假设特征"：

- 他将自己的体验理解为现实。
- 他有一种固有倾向来实现自身机体价值。
- 就他的基本实现倾向而言，他与他的现实相互作用。
- 在他的基本的机体评估过程中，对所体验实现倾向的评估被视为标准。
- 他的行为趋向积极的评估体验，避免趋向那些消极的评估。

在这种观点中，罗杰斯认为，婴儿与世界最初的相互作用是由生物性调节的，这是一个与实现倾向相结合的机体评估过程。体验只是发生在荷尔蒙/生理、动力（即做好反应的准备）和表现水平上（即声音、手势、面部表情等）（Bierman-Ratjen，1998），并不伴随着认知反映或自我意识。但是，尽管这些都是内在的体验（在婴儿时期），但它们往往都有比如面部表情、动作或哭泣等外部表现。反过来，这样的行为引起了照料者的反应，照料者不但理解婴儿的意思（如他饿了），而且作出相应的反应（即提供食物）。

随着婴儿的成长，通过与照料者不断地进行联系，并通过他人提供的回应，婴儿开始形成对自我的一种原始意识。因此，一些体验开始分化为自我体验（Rogers，1959），从而婴儿开始有了概念意识，比如他饿了，或者他想睡觉。随着婴儿的进一步成长，分化过程变得越来越复杂，他的自我体验形成了一种概念完型（整体的），这是构成初步自我概念（即他对自己的看法）的基础。这种自我概念，不是简单地对各种特性进行列表（例如我饿了，或者我喜欢打球），而是像库珀（Cooper，1999：54）解释的，"是一种结构有序的、前后一致的、完整的、有条理的完型……小男孩不能体验到自我是'创新的''恐惧的'和'x'的相加，而是将自己看作是'创新的—恐惧的—x'——具有相互依存的、不能被分割的结构特点，且不能被分裂成单独的组成部分"。这似乎是一个相当复杂的区别，但其核心理念，只不过是我们常常以一种不变的方式看待自己，认为自己具有内在相联系的特质，而不是一系列毫无关联性的特定特质的组合。

复杂关注和价值条件

任何婴儿在发展自我概念时，都是直接映射出他或她的机体体验（自我概念承认的机体价值，如愤怒）的理想状态，这可能受到罗杰斯（Rogers，1959）认为儿童需要他人的积极关注的观点的影响。这种需求产生于实现倾向，因此可被（简单地）看作是一种生物驱力，以从他人的温暖和认可中获得最大化教养体验。

随着婴儿分化自我体验能力的日益发展，他开始从他人给予的积极关注的范围来评估这些体验（即以引起温暖和教养的方式来接受、识别他人）。在这个时候，从他人处收到的信息的性质是至关重要的。如果照料者是完全共情（即理解）、温暖和易接受的，婴儿的自我体验就会被充分地接受，通过被无条件积极关注的所有机体体验（如愤怒、悲伤等），婴儿就可产生安全感。但是，如果某种自我体验被忽略或引起负面反应，婴儿就会相应地进行评估。因此，他或她可能意识到，"我生气时不被喜欢"，"我高兴的时候他们就喜欢我"。在把某些自我体验和积极关注相联系，其他体验都和消极关注相联系时，婴儿发展了被罗杰斯命名的所谓"复杂关注"（Rogers, 1959, cited in Kirschenbaum and Henderson, 1990a: 209）。其定义是（1990b: 209）："所有的自我体验以及它们的内在关联性，是个人区分积极关注和消极关注的依据。"

新出现的复杂关注具有十分重要的意义，因为它涉及对来自他人的积极关注的自我体验的分化。为了最大限度地得到积极关注，婴儿开始认识到什么样的自我体验会得到积极关注，并做出相应的行为。因此，婴儿不但明白了什么样的自我体验值得他人关注，什么样的自我体验不值得他人关注，而且还以获得最大限度的积极关注为目的来与他人交往互动。结果，婴儿的注意力越来越多倾注于能获得积极关注的自我体验，比如，幸福感及与之相关的行为，而很少去关注那些得到较少积极关注或不能得到他人积极关注的自我体验。因此，婴儿对于能获得他人积极关注的自我体验就被曲解了，同时这个过程还暗示了婴儿是如何评价自身体验的。

作为获得复杂关注的一部分，婴儿开始从积极自我关注方面评估自己。也就是说，他以能得到他人积极关注的多少来看待自己的自我体验。因此，当婴儿说话、大笑和微笑时，他可能开始从积极方面评价自己。对他来说，对幸福的表达是一件美好的事情，这会让他感到舒适。相比之下，同一婴儿可能就会从负面角度来看待自己的愤怒感，因为这时的他相信这种自我体验是没有价值的（即他后来会认识到这得不到他人的积极关注）。因此，他愤怒时会觉得不舒服，并视愤怒是不可取或不值得的。

第2章 人为中心取向的人格理论与个体差异

罗杰斯（Rogers，1959）认为，被认为值得的自我体验（与积极自我关注相联系）与不值得的自我体验（与积极自我关注不相联系）的分化，强调的是婴儿对于价值条件的习得。这里的价值条件是指婴儿学习到他或她的价值的方式，即对一些特定个性的呈现是有条件的，而对其他的个性的呈现是没有条件的。因此，他的积极自我关注是有条件的，只和一些自我体验（如快乐、安静等）相关。

就复杂关注方面而言，婴儿形成自我概念的结构时，他需要来自他人的积极关注，并且这一需要和现在已经建立了联系的特定的自我体验及积极自我关注相关。因此，对于他人积极关注的需要和对于积极自我关注的需要就联系在一起了，并且他开始寻找那些他认为能引起积极自我关注的体验，回避无法引起积极自我关注的体验。因此，孩子是否做某事要看是否能让他感觉到有价值并且内心愉悦（"我会努力学习，因为它让我感觉很好"）。他回避不能提供这种体验的行为（比如，出去玩），因为这种行为不能让他感觉到自己的价值。所以，孩子可能会因为自己不够专心而生气（"为什么我要浪费时间玩"），而不愿意承认这种欲望的重要性。正是在这个过程中，婴儿内在化的价值条件开始形成，即他是如何看待自己的，以及与之对应的，他是如何与这个世界相互影响、相互作用的。这种形成过程将强烈预示他在成人期将如何感受他自己和这个世界。

价值条件是人为中心倾向的人格理论的一个核心概念，被认为是决定自我概念性质和发展的关键本质。由于有些自我体验不能引起积极自我关注（因此违背了孩子对积极自我关注的需要），孩子开始在那些能够提供积极自我关注的方面有选择性地理解他自己。因此，自我概念不断地围绕积极关注的自我体验来形成，而其他方面的体验作为自我的一部分则逐渐被摒弃。换言之，孩子开始根据他认为有价值的自我体验来理解自己（就其自我概念而言），并且开始忽视那些他认为没有价值的自我体验。事实上，这在他已经认识到的机体价值方面和他还没有认识到的方面之间产生了矛盾。因此，一些机体体验作为一个整体（机体体验，如愤怒等）是不被承认为自我体验的（被自我概念有意识地承认）。尽管这些价值只停留在一种机体的水平之上，然而却有了不同的程度和方式，无意识成为一种依赖心理机制的过程，这种心理机制被命名为"阈下知觉"（Rogers，1951）。

> **专栏 2.2　依附理论和人为中心理论**
>
> 　　罗杰斯的人格发展理论，和约翰·鲍尔比（John Bowlby）在依附理论中概述的儿童发展过程（Bierman-Ratjen，1996）有很多共同点。其中最重要的一点或许应是鲍尔比所命名的婴儿自身的内部工作机制和他人的期望以及可能的他人行为（Bowlby，1969）。在婴儿早期形成的这一模型，影响着他日后与周边的交流互动。根据形成内在化的价值条件的自我概念，罗杰斯概念化了这一过程，而内在化的价值条件和对积极自我关注的需要一起为婴儿随后的体验和行为奠定了基础。精神病学家和心理分析学家鲍尔比采用了一种分化更明显的方式确定早期相互作用时具体的依附模式（如安全、回避等）。这些模式在以后出现的心理障碍中发挥了重要作用，罗杰斯也提出过类似的观点，他认为机体评价过程或自我与从人际习得的"自我概念"所产生的不一致，是成年期遇到心理障碍的根源（Rogers，1959）。

心理防御和阈下知觉

罗杰斯认为（Rogers，1959），机体水平的体验与"自我概念"的认识之间的分裂是由心理机制决定的，他把这两种心理机制称为否认和曲解。这两种心理机制都阻止任何违反价值条件的机体价值被有意意识准确地察觉到。从这个意义上说，它们可以被看作心理防御的形式，和防御一起，表明了其作用是使自我概念在任何时候都能保持其自身特点及一致性。它们通过阻止矛盾的机体价值被当做自我体验来保护个人不会由于自我认知（或概念）和对积极自我关注的需要受到威胁而产生心理障碍。对防御的这两个过程的定义如下（Rogers，1951）：

● 否认——在机体水平感知到的体验无论如何都不能被知觉到。也就是说，机体体验没有被分化成自我体验。举个例子来说，简厌倦在家照顾孩子，但她否认自己意识到了这一点，是因为她的母亲身份已经被内在化成价值条件了。为了保持积极的自我关注，她无法承认自己的机体体验，因为她的自我概念无法承受任何照顾孩子时可能产生的厌倦感。因此，当遇到这种机体体验时，她否认自己意识到了，因为这些体验是对母亲照料者身份的一种威胁，会威胁到将自己视为一个合格的母亲。

● 曲解——当体验没有被准确地认知到时，解决这种体验与自我概念的冲突。就前面的例子来说，曲解的过程也许包含而不是否认简意识到的厌倦体验，将整天围着孩子们转因而很疲劳曲解成一种很享受的感觉。

在探讨否认和曲解时，罗杰斯（Rogers，1951）引用麦克利里和拉扎勒斯（McCleary and Lazarus，1949）的一个研究来解释这些过程是如何运行的。这个研究表明，机体对所有刺激和体验的评估，要优先于对它们的反应意识。罗杰斯（Rogers，1951：507）指出："'阈下知觉'的过程，是对某种体验的一种可评价的、心理的和机体的反应，而且还可能先于对这种体验的感知。"因此，阈下知觉的过程就提供了一个基本的评价范围，任何机体体验在被有意识地知觉到之前，对自我概念都是一种威胁。但那些确实对当前自我概念的一致性产生威胁的体验，会被否认或曲解。但这并不是说，这种机体体验不存在，只是说它们是在自觉意识之外的一种机体水平上体验到的。

不一致是心理障碍的基础

正如我们所看到的，罗杰斯提出的人格理论设想在个体内存在着两种不同的价值系统：首先是机体，其次是随着婴儿长大而进入成年期的自我（如自我体验）。当这两种价值观不统一时，就会产生不一致的状态。尽管自我体验与机体价值之间的不一致在一定程度上几乎是不可避免的，因为童年时获得的某些价值条件是极有可能产生的，但当这种不一致程度变得非常严重时，机体的否认或曲解也就不再有用了。这就会导致罗杰斯命名的自我"不一致状态"（Rogers，1951：248）出现，在这种状态下，个体被迫去面对一些自我概念还没弄明白的体验。有时候，个体自己能够将先前否认或曲解的体验整合进他的自我概念，从而形成一个新的平衡，降低不一致和心理障碍的水平。然而，当不一致很严重时，否认和曲解的过程反复出现，机体体验无法被承认为自我体验，这个时候个体的整个自我概念就会崩塌，不同程度的心理障碍就会出现，包括心理障碍，如焦虑症和抑郁症，以及更严重的心理不适，如精神病。

我们不可避免地都存在不同程度的不一致，在成长期遇到大量价值条件的人，更有可能产生高度的不一致，这是一些严重心理问题的根源。对于这些人来说，自我概念就可能围绕一些高度受限制的体验（比如那些与积极自我关注相关的体验）而建构，这会导致产生大量否认或曲解的机体体验。这些人在婴儿时期，要么是在基本没有得到积极关注的环境中成长的，要么是在高度受限制的积极关注环境中成长的。因此，他们的机体体验被切断，并拥有了罗杰斯（Rogers，1959）所说的外在评估源。这就是说，他们几乎完全基于外在价值（即价值的条件）作出决定，而不是基于整个有机体的体验。因此，当否认和曲解的过程失败时，个体只剩下缺乏一致感的自我。他们对以价值条件为基础的整个自我概念遂产生了疑问，常常导致严重的人格分裂和障碍。

专栏 2.3　心理崩溃的例子——萨拉

萨拉曾是一个著名乐团的主唱。她生活在一个要求严格的家庭，她的强烈的自我意识就是无论做什么都要取得成功。萨拉非常努力，把所有精力都放在她的事业上，往往每天花 16 个小时进行排练。在过去的一年，萨拉感到闷闷不乐了。她不明白为什么会这样，因为她相信她正走在实现自己事业目标的道路上，正在音乐领域实现她的人生抱负。然而，与此同时，她对自己努力工作排斥其他感到怀疑。尽管以前她把这些疑惑归因于疲惫，但当她被指挥家告知她似乎不再那么热爱她的工作，也许她休息一段时间就会好些时，她之前的那些疑惑又回来了。萨拉感到非常苦恼，但事实却又是如此。同时她开始思考，如果自己不是像自己认为的那样，是一个成功的、有抱负的音乐家，那她又是谁呢？她的世界轰然倒塌了，并且经历了很长一段时间的抑郁期，觉得自己很失败，活得几乎没有价值。

萨拉的经历可以从她的自我概念（即身边围绕着关于事业成功的价值条件）与一种更富教养的生活方式的机体需要之间所产生的不一致这个方面来理解。这种评估过程中的不一致在过去一年里已经很严重了，也许是因为年龄的增长，为了能使机体价值更为平衡，萨拉的自我概念作了一次重要的斗争来保持这种一致性。她经常否认自己对于这份工作的怀疑（"我真的很喜欢我的工作，我只是很累"）或者曲解（"我真的受够了，但那是一件好事——让我自立自强"）。只有在她面对机体体验的确凿证据时，她才真正遇到了不同价值观之间的不一致。也正是这个过程造成了她心理崩溃，从而导致她感到自己失去了自我、没有价值感和抑郁。

对不一致的另一种解释

尽管罗杰斯高度强调不一致的发展的基础，但是其他人为中心从业者从经验传统入手（Purton，2002），认为这一理论视角并不能解释这样的障碍，即障碍缘由与童年及其后的生活中形成的价值条件毫无关联。例如，珀顿（Purton）指出，15岁的艾伦对所有狗都感到恐惧，但他只是最近才被狗咬伤并很清楚地知道只有极少的狗才可能会对他进行攻击。珀顿问，以艾伦为例，究竟价值条件和由此产生的不一致是如何引起这种障碍的？当然，他还问，最近被咬伤一事是不是艾伦障碍产生的根源呢？

尽管沃斯利（Worsley，2002）指出，罗杰斯自己也已经开始质疑那种认为只有摄入性的（如学习的）价值条件才会引起不一致的观点，但是他也承认类似珀顿提出来的问题引起了人为中心理论中关于心理障碍的一些重要问题。珀顿（Purton, 2002）认为，解决类似问题的关键在于体验加工的方式，有时候机体体验也可能会造成阻碍（如不正确的象征），因为它和价值条件无关，从而仍然被当做一种躯体或情感体验而不是心理体验（Gendlin, 1996; Greenberg et al., 1996）。这一领域的理论除了强调加工在引起障碍和维持障碍中的作用之外，还由于约瑟夫（Joseph, 2004）对创伤后应激障碍（PTSD）的探讨得到了进一步的发展。

正如罗杰斯（Rogers, 1959）描述的关于心理耗损过程（如自我解体）的共同点以及对创伤后应激障碍的常见可理解性的体验，约瑟夫认为，一起非普通事件可能会凸显自我体验和机体体验之间的不一致。究其原因，他认为，通常是我们的自我结构（包括自我概念）存在关于现实的本性和人类体验的曲解。他指出（Joseph, 2004: 106）：

> 在自我结构的一个方面，自我和体验存在高度不一致，会否认意识到现存的体验，比如，我们是脆弱的、未来是不确定的、生活是不公平的。虽然很多人会说，他们知道这些早晚会发生，等这些真正发生时大多数都会日复一日地继续生活，貌似自己是刀枪不入的……但那些精神创伤会突然出现并明显让他们体验到自我结构的崩溃。

在这一点上，约瑟夫认为不一致不仅是习得的价值条件的产物，同时也是调整在日常生活中产生的焦虑的一种功能性过程。当然，这种观点引起了大量存在主义哲学家如萨特（Sartre, 1956）或是那些指出了人类生存现实中的心理困扰（如死亡的必然性、情感孤独等）的心理治疗师如范多伊伦（Van Deurzen，2002）的共鸣。但无论如何，正如库珀（Cooper，2004）指出的，这一方法与罗杰斯提出的关于心理发展的成熟形式和自我与机体体验的高度不一致的关系式有很大不同。在这一点上，约瑟夫似乎是对人为中心倾向的人格理论的基本命题和美好生活的可能性假设提出了质疑。

"美好人生"的愿景：机能完善的人

罗杰斯在详述他的人格理论以及提出将不一致作为心理崩溃的基础上，还提出了被他称为机能完善的人的理论。该理论详述了假设的人的特征是自视为"最大限度地发挥出人体的潜能"（Rogers，1959，cited in Kirschenbaum and Henderson，1990a：250）。罗杰斯（Rogers，1961）对这种人的本质在他所谓的"美好人生"里有更详细的描述说明。因此，人为中心的人格理论不仅是对心理障碍和人格不健全的描述，还包括对一个人的潜能及其实现的描述。对潜能的强调是非常重要的，因为它和罗杰斯下定决心回避人类机能的亏损模型，而是去发展一种基于建设性成长和改变的潜能的实践方法，产生了共鸣。

罗杰斯（Rogers，1961）在描述他所认为的机能完善的人时，以任一充分完善的个体的体验和行为为特征确定出三个主要因素：（1）坦诚对待自己的体验；（2）生活在现实之中；（3）相信自己的机体体验。当然，在本质上具有这些品质的个体为数并不多。美好生活更多的是一种理想状态而并没有达到被普遍实现的程度。

坦诚对待自己的体验

机能完善的人是完全一致的，因此他总是在有意识的情况下直接与自己所有的自然体验相接触。在这样的情况下没有必要建立任何心理防御机制，而且个体拥有自己所有的个人体验，无论是痛苦的、焦虑的还是其他的体验。其中不可或缺的一部分是，机能完善的人对自己总是无条件积极关注的，因此无须在体验和行为上去尝试适应任何一种价值条件。而其结果就是对自己所有的体验——无论积极的还是消极的——的体验都是完全坦诚的。

生活在现实之中

机能完善的人不需要任何心理防御机制，他可以重新享受生活中的任何时刻，完全地关注此时此刻，而不是努力去使自己的行为和体验与特定自我概念或人生观相适应。活在当下，而不是思考过去、担忧未来，这些被视为流动的常变的自我体验的重要组成部分。

相信自己的机体体验

机能完善的人的第三个特征是他有完全信任自己的机体体验的能力，并将其作为一种手段来决策行为或行动，而不是寻找外部编码或结构来对行为进行指导。罗杰斯认为，这也就是说，这种能力是知道在特定环境下如何做才是正确的，相信自己的内在反应，从而找到行动的最佳方式。正如他建议的（Rogers, 1961: 191）：

> 如果他们有明确的愤怒感并想要将其表达出来，那么结果是令人满意的，因为他们同样还有其他所有的渴望，如对

爱情、亲情、友情的渴望……他们认识到他们的内在反应出人意料地可信并带来令人满意的行为。

罗杰斯在细述机能完善的人的特征以及他们对美好生活的愿景时，强调的是体验的过程，而不是一系列固定的特征或行为。这个定位对已有的观点具有重大的意义。罗杰斯不是把人的功能的最佳状态视为用特定方式表达自己的感受或行为，而是视其为对体验和流动的开放性。因此，机能完善的人并不总是开心的，也不是永远不会悲伤或者愤怒，而是完全坦诚地面对每时每刻的体验。因此，他宣称，这是一种生活方式，但不是"胆怯"的生活方式（Rogers, 1961: 196）。

专栏 2.4　机能完善的人和马斯洛的自我实现的人

罗杰斯描述的机能完善的人和由马斯洛（Maslow, 1954）首次提出的自我实现的人有很多的相似之处。两种观点都使用了能力的充分实现和潜能的概念（当然，这对于每一个人来说是不同的，还取决于一些其他的因素，如环境、人格等），并以此作为心理治疗的最终目标（Patterson, 2000）。尽管这两个概念可能有相似处，但马斯洛使用的"自我实现"的概念在人为中心理论中有着完全不同的含义，仅在"自我概念"实现倾向的干预操作中就不同（Guthrie-Ford, 1991）。马斯洛的自我实现指的是整个机体的充分实现，而不是简单的自我的充分实现。因此，尽管基础概念是相似的，但其用法是不同的，因此自我实现的人和人为中心取向的机能完善的人的含义也是不同的。事实上，也因为的确会产生混淆，所以罗杰斯故意避免使用"自我概念"这一术语。

在这一章中，我们探讨了罗杰斯提出的有关人格和动机的思想，也就其引起心理困扰的原因进行了详解。这一理论主要依赖于"不一致"这个概念，因此，得知罗杰斯同样以此理论勾勒出心理治疗理论一点也不令人意外，即人为中心心理学家如何在治疗关系上帮助当事人在其体验中日益变得一致。但这不是一个轻易可实现的过程，我们将在第 3 章探讨治疗师（和当事人）承担这样的工作时可能会面临的一些挑战。

本章内容提要

- 罗杰斯于 1951 年首次提出了他的人格和动机理论，尽管对其思想的确切陈述直到 1959 年才公开出版。
- 人为中心倾向的人格理论认为，人类尽心努力的基础在于实现倾向，即基于生物学，在利社会动机的驱动下使机体作为一种实体得以保持和增强。
- 在幼年时期，儿童一般是从自己如何满足整个机体的需要去评价其体验的。通过和照料者的相互作用，依据从照料者处学到的价值观，他随之学到了自我概念。如果这些价值观仅仅和对积极关注的体验的部分方面相关，而不是全部，那他就只会部分接受自己。他的积极关注是有条件的，他就会掌握价值条件。
- 由于儿童需要积极自我关注，因此他们首先关注的会是那些让他们对自己感到满意的体验（那些提供积极自我关注的经验），忽视其他不能让自己感到满意的体验。而那些无法提供积极自我关注的机体体验则会被自己逐渐地否定，而且儿童也开始不再视其为自己固有的体验,即与他的价值条件发生冲突的体验。
- 当机体价值和自我概念相冲突时,就会产生一种不一致的状态。由于实现倾向,个体自身会通过无意识地否认和曲解有冲突的机体体验来保持同"自我概念"的一致。
- 无论儿童还是成人,当否认或曲解的过程无效的时候,都会体验到不一致,并由此产生心理障碍。因此心理障碍是不一致的产物。
- 近来的研究强调,价值条件的融合是不一致的主要原因,而体验过程的障碍是对它的另一种解释。

第 3 章

人为中心心理治疗

简 介

正如我们在前一章所探讨的,罗杰斯(Rogers,1959)在人格理论中假定机体体验和自我概念之间的不一致是导致所有心理困扰的主要原因。根据这个观点,不一致的减少则联系着更健康的心理状态,并给人为中心治疗这一方法提供理论途径。在这一章我们将探讨人为中心心理治疗方法,重点介绍那些由罗杰斯最初提出的减少不一致的方法(Rogers,1957),以及之后他人在人为中心疗法的框架上的发展(例如,采用"经验的"人为中心疗法的从业者)。

治疗理论

自从 20 世纪 40 年代初卡尔·罗杰斯第一次概述他的心理治疗观之后，他继续强调咨访关系在治疗实践中的重大意义。这种观点是基于他自己作为心理学家的亲身经验，并结合了他所关注的大量其他心理学的理论和方法逐渐形成的。罗杰斯发现，有效的治疗关系，应该和咨询师一系列系统的态度与当事人的一些主要因素有关。他认为，如果这些方面中的每一个都很恰当，那么心理上的成长必然会发生。

1957 年罗杰斯发表了论文《治疗中人格改变的必要且充分条件》，在其中详细说明了能引起当事人心理改变的六个必要且充分条件。他特意使用"充分"这个词来明确表示，如果这些条件都符合，便足以引起改变，而无需其他。事实上，他认为治疗师的其他技术或心理治疗上的专门方法（如给予建议或解释）都是无关紧要的。

这篇文章现在被认为是他的综合宣言（Wilkins, 2003），因为它和所有心理疗法都相关，且基于大量的心理方法的研究和分析，并不仅仅是人为中心疗法这一方面。因此，罗杰斯（Rogers, 1957）指出，任何治疗关系，只要满足他所提出的条件就必定会使当事人的心理产生改变，不管到底采用的是哪种心理治疗方法。他还认为，只要维持相同质量的咨访关系和同样的评估标准，就像人为中心方法所提供的那样，精神分析疗法和行为主义疗法的疗效就将是一样的。而真正至关重要的是咨访关系，如果咨访关系能满足以下条件，那么必定会使当事人产生心理上的改变（Rogers, 1957：96）。

(1) 两者处于心理接触之中。

(2) 我们称为当事人的人，处于一种不一致的、不情愿且焦虑的状态之中。

(3) 我们称为治疗师的第二个人，在这种关系中是和谐的或是完整的。

(4) 治疗师对当事人表示无条件积极关注。

(5) 治疗师对当事人的内心结构进行一种共情性的理解，同时努力与当事人交流这种理解。

(6) 治疗师与当事人交流中的共情性理解和无条件积极关注会至少得到最低程度的完成。

虽然对于上述条件的精确定义还存在一些争议（Embleton-Tudor et al.，2004），但对于咨访关系的强调是明确的。总的来说，这六种条件被认为包含两个基本成分，一个是和治疗师的行为和经验有关（条件3、4、5），另一个是与当事人在治疗关系中的体验和能力有关。条件3、4、5即所谓的"治疗师条件"（Barrett-Lennard，1998）通常被称为核心条件，在其他方向的治疗学上也经常被涉及（Egan，1998），并且是很多研究和分析的焦点（Norcross，2002）。它们被看作核心，是因为它们关系到治疗师在治疗中的作用，并因此被认为是使改变成为可能的一种手段。每一种条件所起的作用都不同，但都一样重要，都能减轻当事人的障碍，使他们变得更加一致。

"核心"条件

核心条件中的共情和无条件积极关注对人为中心的从业者来说，是一个巨大的挑战，因为它们不能像技术那样有明确阐述从而能对其进行学习，而是被看作治疗师"体验"到的个人态度、品质，以及在成功治疗中和当事人的交流（后一项要求在条件 6 中被提到）。一致性（条件 3）在某种程度上有些不同但仍再次被看作治疗师的一种品质而不是一种行为或技巧。强调人的品质对抵消所有现存的概念——人为中心疗法只是一种在温暖的情境（经常被简化地理解了）中不断重复非指导性意义的机体过程——都是有效的。然而，在把重点放在治疗师对特定品质的体验上，以及对此和当事人进行交流，至少是最低限度地达到（条件 6），罗杰斯强调的是他所设想的治疗关系中的个人特质。

罗杰斯认为，治疗工作是一种内在的个人工作，治疗的成功完全依赖于治疗师与当事人建立经验的关系的能力，而不是躲在专家的面具或者聪明才智的背后。这种能力不是通过正式学术学习或通过培训成为一个专业心理学家就能获得的（尽管这些知识对实践甚为重要），而是通过自我发展和个人成长活动（如团体和个人的治疗）来习得的。事实上，他后来描述，这种能力一旦作为一种"存在方式"变得成熟（Rogers, 1980），有时面对另外一人的这种特定"存在"情况，只要施予当事人便足以引起当事人的心理改变了。

专栏 3.1　非指导性和治疗关系

虽然没有直接说明，但是非指导性原则仍然经常被看作罗杰斯的人为中心疗法的核心（Grant, 1990）。这一点体现在罗杰斯 1957 年阐述的六种条件上，尤其是治疗师的共情和无条件积极关注。人为中心的心理咨询师为了对当事人共情并提供无条件积极关注，并不试图通过对当事人的特定心理障碍进行诊断，或者通过指导当事人如何最好地处理他所

第3章 人为中心心理治疗

> 遭遇的问题来控制其体验。相反，人为中心的心理咨询师把当事人看作他自己生活的专家，并相信他有能力做出自己的选择（Merry，1999）。由于这种非指导性方法的运用，当事人有能力按照他自己独特的个性成长，并且在成长的过程中得到咨询师的充分信任。从根本上来说，这种非指导性准则就是相信当事人的实现倾向，换句话说即相信他有能力成为一个自主的、建设性的、自我关注的个体。
>
> 非指导性这一概念在人为中心理论中是颇具争议的，批评者（Kahn，1999）指出，这不但会使治疗师被动地面对当事人的要求和目的，而且否认了咨询师自身的想法及其对咨询过程本身的想法的无法避免的影响力。然而，米恩斯和桑恩（Mearns and Thorne，2000）提出，对非指导性的质疑是不恰当的，因为在20世纪40年代它经常被误解为一种行为而不是一种态度或准则。更为恰当的看法应该正如莫瑞认为的，它是"一种普遍的非权威态度……同样也指一种理论，在该理论中，实现倾向能在一段包含特定品质的治疗关系中形成，同时这种倾向应该是建设性和创造性的，而且任何人的实现倾向都不能被预测，也不应被控制或被指引"（Merry，1999：75-76）。

共情

共情恐怕是罗杰斯治疗条件里最广为人知的一条，无疑也是早期疗法里最引人注意的一点（Raskin，1948；Patterson，2000）。共情的主要特征是理解他人在某一时刻体验到的主观实际。这要求以当事人的"参照系"为方向。所谓"参照系"，就是一个用来描述与当事人在当时情境下相关的具体问题、关心和价值的现象学术语。因此它是一种态度，贯穿于治疗师努力"进入当事人的个人知觉世界并［变得］彻底对其精通的过程中"（Rogers，1980：142）。换言之，共情就是一种试图完全地理解他人世界的体验。

相较于涉及分享的观点或体验的同情，共情要求从业者"不考虑"（Cooper，2004）或不理会他自己的体验、态度和想法，而是集中于理解他人是如何感受和思考的。以治疗师的角度来看，所谓共情态度就是设身处地地理解当事人的知觉世界，"仿佛"这就是他自身的知觉世界一般（Rogers，1959）。"仿佛"这一措辞在这里很重要，因为它表示共情是深刻理解当事人的体验，但同时不会忘记这些体验其实是属于当事人的（McMillan，1997）。这种认识使咨询师得以在他或她自己的体验和别人的体验之间保持距离（Tolan，2003），而且对于避免产生混淆和误解也相当重要。

保持共情

体验共情最常见的方式就是仔细倾听当事人在说什么，并非仅仅通过话语，还有一切形式的非言语和躯体交流。布罗德利（Brodley，2001：18）认为共情理解的目的就是"当事人"的知觉、反应、感觉和当事人作为自我或个体在哪些方式下是一个中介者、一位演员、一种主动力量——行为和反应的来源。

在人为中心疗法中，只有治疗师和当事人就共情理解进行了有效的沟通（条件6），共情理解才会发挥功效，而这个过程不但能确保当事人知道治疗师理解了他的感受，还可以检验表达出的共情在何种程度上是精准的。人为中心疗法中有很多常见的方法可以实现这一点。但这当中最为人所熟悉的或许就是回应了，所谓回应就是当事人的个人体验（包括想法、感觉和未来行为的动机；Bohart and Greenberg，1997）。然而，为了确保精准性，任何一种共情性陈述都要带有隐含性的问题："对你来说是这样的吗？"（Barrett-Lennard，1998）实际上，对于共情的表达，罗杰斯从术语"反映"转向诸如"测验理解力"或"检查观念"之类的短语。而他提出的这些短语，通过追踪当事人在特定时刻的参照系，更准确地描述了当事人当下正在发生的事情（Rogers，1986）。

专栏 3.2　共情回应的案例

C：我最近过得很不好，无论在上班还是在家时感觉自己都要崩溃了。好像没有比这更糟糕的事情了。

T：所以，你在家和工作时都过得不好。好像对你来说到处都有威胁。事情不会比此时此刻更糟糕了，是吗？

C：是的，我束手无策。（开始饱含泪水）

在这个案例中，当事人（C）描述了她的现状，表明她最近过得很"糟糕"与她在家和工作时的"崩溃"有关。治疗师（T）并不是询问更多有关崩溃的细节，也没有问为什么会发生这样的事情（也许，在常见谈话中更可能发生），而是提供了一种对当事人体验的共情反应。这能让当事人体验到治疗师理解了她的感受（"我束手无策"），这也是一个加深她与自己机体体验接触的过程（如哭泣的感受）。

尽管强调回应，但鲍扎斯提出，人为中心框架下的共情的态度基础要求有更进一步甚至是超过公认程度的共情反应。他

主张人为中心治疗师应该积极地努力发展他所命名的共情的特质模式（Bozarth，1984：75），他将这种模式定义为"非标准化的回应，但对治疗面询中的人和人际互动而言应该是带有个人特质的。治疗师学习这类模式是因为这能让他们证实自己作为治疗师的个人能力……同等的共情性回应则限制了治疗师的权力和潜能。而把共情视为一种言语分类技术则限制了治疗师的直觉的作用"。

鲍扎斯在阐释共情态度应具有个人特质时，明确了治疗师必须学会利用他们的直觉体验，并将其作为共情过程的一部分，因此要使用诸如隐喻、明喻、提问，缄默和个人回应的方法来将自己的理解表达给当事人。这些方法是有风险的，因为它们不一定能提供确切的结果（Bozarth，2001），反而还会引起当事人先前并不承认的某一方面的机体体验（Rice，1974）。确实，库珀（Cooper，2001）认为共情并不仅仅是一种认知或情感表达的过程，也是涉及身体感觉（如反胃的感觉）的躯体过程。当治疗师体验到身体感觉时，可能会与当事人在特定时刻的身体体验形成共情性共鸣，从而为共情理解提供一种重要的手段。有意的或因其他原因模仿当事人身体特征的各种姿势与手势，可以被看作一段真正具有共情性的治疗关系的固有元素。确实，库珀认为还有很多证据表明这种模仿过程是他所描述的"一种天生的本能的人类能力"（Cooper，2001：224）。因此，对治疗师而言，问题不在于如何发展感同身受的方法，而更在于这样的自然联系方式如何能被"允许出现"在治疗过程中（Cooper，2001：224）。

共情在促进心理改变中的作用

在人为中心的治疗关系中，共情被一些人看作在扮演一种医疗性的角色（Warner，1996），从而推动心理成长。罗杰斯（Rogers，1959）认为，这种角色主要与明确和核对过程（如回应）相联系，这个过程鼓励当事人更深入地了解他或她的个人体验。随着治疗师试图了解当事人的内在世界，其共情回应可以帮助当事人和自己的感受相接触（Warner，1996），比如，明确治疗师在多大程度上描述了之前被否认或曲解的机体体验。正因为这个过程，当事人能更深入地接触到自己的机体体验，或许这是他第一次识别出或知觉到一种先前并未被自我承认（我作为个体所感受到的事情）的特殊体验（如恐惧）。这样做，他就可能将这些新近感受到的体验与他对自己的看法（他的自我概念）整合在一起。这一过程舒缓了由于自我和机体体验不一致而产生的紧张或焦虑，从而促进了心理的改变。

这些年，许多理论家尝试将共情作为治疗进步的一部分，对它的作用和性质进行更详细的阐述（Wilkins，2003）。范艾尔施特（Vanerschot，1993）试图将这些零散的研究汇聚起来，提出一个框架来理解共情是如何对当事人产生大量微过程的。据范艾尔施特的观点，共情通过以下三种方式起作用。首先，治疗师营造出共情氛围，通过让当事人体验到自己被他人理解和接受促使他形成自我接纳和信任。这也就弥补了他所缺少的积极自我关注。其次，正如先前讨论的，治疗师具体的共情回应（如，对一种感受给予回应）有助于加强和促进当事人的体验，帮助他进一步感受自身的机体体验（Brodley，1996）。这样的回应可能与当事人有意觉察的边缘（Gendlin，1974）的体验（如，完全的否认或曲解）有关，因此它涉及治疗师使用诸如探索式提问（如，"我想知道当时你除了生气还有没有其他的感受"）、共情猜测（"我猜她离开你时你一定感到非常悲伤")和经验性回应(如,"当你谈到你父亲时我不知道为什么觉得很想哭")等回应方式。这些回应通常被称为"深刻的"或"高级的"共情(Mearns and Thorne,1999),指引着它们与当事人的体验相联系,而且这种体验直到被指出来才会被处理或认可。

最后,对当事人的所有共情回应都具有认知效果,帮助当事人重新组织其体验的意义。这是范艾尔施特(Vanerschot,1993)确定的第三个因素,也是帮助当事人集中注意力于其特定体验,从而重忆起与体验相关的信息或者以更细化和详尽的方式来组织信息的产物。基于这一观点,威克斯勒(Wexler,1974)提出,治疗师可以被看作一个"代理信息处理器",他们的共情回应可以促进认知重组和重建。

无条件积极关注

尽管共情被很多人当做人为中心疗法里与变化有关的首要维度,但还是有一些人(Bozarth,1998;Wilkins,2000)认为无条件积极关注是罗杰斯所指定的治疗关系中的基本元素。相较于作为罗杰斯疗法一部分的共情原则的悠久历史,无条件积极关注的概念直到20世纪50年代中晚期才形成,且在此之前是由如接纳、温暖、奖赏和尊重此类词语代替的(Bozarth,2002)。实际上,这些术语直到现在仍然经常被替换使用,尽管对某些人(Purton,1998)而言,这些词语之间含义的差别在各自实际包含的内容上会引起概念上的混淆。

对大多数人为中心的从业者来说,无条件积极关注,还有各种同等说法,简单而言是指对当事人提供一种连续的接纳、非指导和尊重的态度及体验（Lietaer, 1984）。布雷热（Brazier, 1993）则认为，对无条件积极关注最好的理解是把其视为非占有式的"爱"的一种形式，在任何时刻都对当事人热心接受，不评判，不命令，也不忽视。因此，"无条件"这一术语用来指明这一特性——当事人不需要做任何事来使自己被以积极关注的方式看待。

提供无条件积极关注

无条件积极关注可能是所有要满足并接受的条件中最有挑战性的。确实，在讨论如何体验和交流无条件积极关注时，大多数培训材料（Tolan, 2003）主要集中于分辨不属于无条件积极关注的范围，而非什么是无条件积极关注！纵然如此，无条件积极关注仍然主要依赖于倾听当事人和不批判的回应，不管当事人当时究竟体验到什么。尽管这可能暗含消极的特性，但无条件积极关注确实是一种更为积极、温暖和有价值的方法。事实上，弗莱尔（Freier, 2001）认为积极这一字眼被特意用来表达体验的温暖特质，而不是一种标志着"中立被动"的冷漠消极接纳。在实践中，这意味着为了提供无条件积极关注，咨询师要积极、热心地努力对当事人所体验到的各个方面给予温暖的回应。正如布罗德利和施奈德（Brodley and Schneider, 2001：156）建议的：

> 人为中心的治疗师会有意识地形成一种无条件接纳当事人的能力，不考虑当事人的价值、欲望和行为。无条件积极关注能力涉及这样一种能力：维持一种温暖、关爱和富有同情心的态度，并且体验当事人的感受，不在乎他们的缺点、罪行或与自己在道德标准上的差异。

> **专栏 3.3　无条件积极关注可行吗？**
>
> 　　无条件积极关注一直遭到许多理论家（Masson，1992）的强烈批评，他们认为那要求治疗师不能对他人的行为做任何道德评判。这一点，他们认为是不可能实现的，而且在政治上也不被接受。某些行为（如，对他人施行暴力）确实是不对的，并且不该被接受。正如一个人的"自我"是不会与他的"行为"分开的（Purton，1998），当人们的行为得不到宽恕时，对其内在体验提供无条件积极关注也是不可行的。所以，如西格尔（Seager，2003：401）提议的那样，"无条件积极关注在任何人类关系中都是不可行的"。
>
> 　　对人为中心的从业者来说，对无条件积极关注的这种看法无法识别出其在人为中心疗法中的地位问题。首先，就所有核心条件而言，这不是治疗师在与特定当事人相处时能一直有的一种体验。产生这种误解的原因或许在于其名称，它显示出自己绝对的、非此即彼的特性，并不能反映出在不同时刻需要不同条件的关系里的流动过程（Rogers，1957）。其次，没有一种行为或体验生来就不被接纳，而且治疗师提供无条件积极关注的能力是他的社会价值、文化价值和个人价值的产物。所以无条件积极关注与治疗师自身的道德立场相关，也与他自身的自我接纳水平有关系，因为我们无条件评估他人的能力源自我们理解和接受自己全部缺点的能力（Mearns and Thorne，1999）。这样的理解和自我接纳使我们能以非防御方式去感受当事人，因此可以通过回顾（Wilkins，2000）一种不被接受的行为或品质来理解潜藏其中的心理折磨或痛苦。当然，在有些治疗关系中这也是不可行的，例如，遇到一位特殊的当事人，他和我们所坚持的道

> 德立场显示出了强大的冲突。威尔金斯（Wilkins, 2000）认为，在这种情况下，我们应该认识到自己的底限，它可以让我们找到最合适的方法，把当事人转交给其他治疗师，由于该治疗师独特的性格，他或她也许会用不同的眼光看待这一问题，或者确实有能力提供一个更高水平的无条件积极关注。由此看出，无条件积极关注并非不可能，它取决于治疗师和当事人之间的匹配程度。

无条件积极关注在推动治疗改变中的作用

作为治疗关系的一部分，无条件积极关注通过减少价值条件来对治疗产生影响，而这种价值条件是机体体验和自我之间不一致的根源。由于价值条件是通过有条件的评估关系来获得的，因此无条件积极关注被视为激发了其对立面——一种无条件的接纳和温暖的环境。正是这种环境的无条件性促进了成长，因为它能使人的心理防御进程发生逆转。这一逆转仅仅是被无条件的温暖和接纳逐渐削弱的价值条件的威胁程度的产物（Rogers, 1959）。

无条件积极关注的作用常被嵌入共情的过程中。当事人在接触被否认或曲解了的机体体验之后，治疗师运用共情来无条件地接受和重视其体验，从而使得当事人感觉自己得到了完全的接受并因此更能感受到积极的自我关注。就像李特尔（Lietaer, 2001: 105）说的那样，无条件积极关注可以产生"一种高度的安全感，它可以帮助当事人释放被封闭的体验，从而在可接受的情境下释放痛苦的感情……形成自我接受、自我共情和自爱"。当这些在共情作用下被接受后，当事人就可以重新完型其自我概念，从而接触到更高等级的机体经验，由此减少心理不适根源上的不一致性。

一致性

和无条件积极关注一样，一致性的概念也是在 20 世纪 50 年代出现的，并首次出现于人为中心倾向的人格理论中（1951），用来表明自我和机体体验相一致的情况（即不一致的对立面）。随后罗杰斯（Rogers, 1957）在关于必要且充分治疗条件的理论中明确提出其与治疗相关。作为这些条件的一部分，一致性被确切地阐述为一种处于咨询关系的治疗师所需要的状态（"我们称为治疗师的第二个人，在这种关系中是一致的或是完整的"；Rogers, 1957）。与之相对应，在这种关系中的当事人是不一致的（"当事人，处于一种不一致的、不情愿且焦虑的状态之中"；Rogers, 1957）。他因此对治疗方法中的一致性下定义（Rogers, 1966：185）：

> 一致性为治疗师在和他的当事人接触的过程中的真实自我。除去外观，治疗师开放性地让自己的感情与态度渗入当事人的感受中。这会涉及自我意识，即治疗师的感情是可感受到的——对其意识而言，而且他能够在治疗关系中激活它们，体验它们，并且如果他坚持也可以与之沟通。

因此，一致性是指治疗师能完全意识到他自己所有机体体验的能力（不像仍然处于不一致状态的当事人）。尽管一致性一词常与其他形容词互换，比如真挚的和真诚的，但罗杰斯仍认为治疗师能和真实自我相协调是三个核心条件中最基础的一点（Rogers and Sanford，1984）。他认为治疗师的专业外表和非个人关联与自我发展（或不一致性）的缺乏并不相关。

保持一致性

治疗师的一致性这一条件仅仅算是最低限度地理解了所有核心条件，并且多年来遭到了无数误解和误释（Wyatt，2000）。尽管关于一致性的含义没有任何异议，但当治疗师的自我和机体体验处于不一致的状态时，就有大量的讨论围绕治疗实践展开。也许最富有争议的就是治疗师应在多大程度上就自己的内在机体体验（如感到气愤、伤心等）与当事人进行沟通。这一争议要追溯到罗杰斯的工作中去，他把对真诚的表达视为治疗关系中保持一致性的一部分和一个过程（Rogers，1959）。但是，李特尔（Lietaer，1993）认为，治疗师对于其体验的内在意识一定要与对这一体验的外在表达区别开来。对他而言，这是两件完全不同的事情，并且只有当它们被放到一起时才能代表该治疗师在咨访关系中的真诚（或称一致性）。从这一点来看，具有一致性的从业者必须意识到这些不同并且要在治疗过程中注意到其中的每一点。

意识到机体体验（如感到伤心）和对其进行表达之间的区别所引起的一个重要问题就是，它们是如何彼此联系的，尤其是什么内在体验会有所显现，是如何显现的（Tudor and Worrall，1994；Barrett-Lennard，1998）。这是让治疗师认出并且承认自己体验到了当事人的特定体验（例如，"天哪，当她谈论起自己的母亲时，我是如此伤心"）。但这并不是要决定在何时以何种方式对当事人表达这种特定体验。当然，在讨论治疗师在治疗中对当事人表达自己的感觉和体验时，罗杰斯强烈要求注意以下事项：

> "一致性"既不意味着治疗师可以要求当事人公开表达自己的所有感觉，也不意味着治疗师对当事人完全暴露自我。它意味着，治疗师并不否认自己此刻的体验，并且愿意体验治疗关系中的任何持久性感觉，也愿意让当事人了解自己的这些感觉。这也意味着避免呈现外观的诱惑或躲在专业主义的面具之下，或呈现教派的专业态度。

罗杰斯认为，只有持久的内在体验才应该向当事人表达，而不是其他的任何体验。这些感觉可能既有消极性又有积极性，尽管它们在支持其他核心条件（共情和无条件积极关注）上作用都相当显著。罗杰斯认为，承认这些感觉是无聊的或令人沮丧的，要比向当事人假装一切都正常远为重要。

尽管一致性这一条件要求谨慎地表达治疗关系中的持续性的个人感觉，但这一点对咨询心理学或治疗领域的其他治疗模型来说，仍然是一大挑战（Greenberg and Geller, 2001）。当然，专业心理学家或治疗师对自己的个人感觉的表达，可以被视为一种带有高度威胁性的展望，尤其是在涉及要承认那些意味着软弱、困惑或受伤的感觉时。这些似乎和那些疏远的、客观的视角有所不同，这些视角往往是专业心理活动的一部分。它也让心理学家来承担过分涉入和潜在的不适合性的责任。

源于治疗师暴露自我感受的一致性这一条件所提倡的是表达自己的体验，对于这一点的大量关注通常和一个没有准则的过程相关，霍（Haugh, 2001）把这个过程称为"我是这样感觉的所以我就这样说出来"的综合征。然而，治疗师仅仅在随意的时刻简单地陈述自己的感觉的做法当然是人为中心疗法所倡导的（Brodley，1998），而且一般心理治疗的经验规则都是，少说（不是多说）才会受到重视。

一致性对促进治疗改变的作用

罗杰斯认为，一致性是所有治疗条件中最重要的一个，因为它是体验无条件积极关注和共情的基础。如果对自身机体体验没有一致性的关注，那么治疗师关于当事人的自我体验则极有可能受到自己的不一致以及价值条件的影响。这将妨碍治疗师的体验及实现共情和无条件积极关注的方式，例如：（1）无法认出（然后共情于）之前被当事人表达过的个人否认的感情；（2）他对当事人的反应（如愤怒）被曲解为另一种感觉（如兴奋）；（3）对当事人体验方面（如种族主义的假设）的感觉判断，基于自己关于种族的价值条件。

由于没有充分认识到自身的机体体验，不一致的咨询师可能导致他自己和当事人的生活举步维艰。关于这一点，米恩斯和桑恩（Mearns and Thorne，1999），强调咨询师自我接纳的重要性，因为从业者越能完全地接受自己，价值条件就越少会阻止他对当事人体验的共情和无条件积极关注。当然，一个具有高度一致性和高度自我接纳的咨询师将身体力行且其言行举止匹配一致。而不一致（或缺乏自我接纳）的咨询师则不同，其言语往往和其表达（例如语气、手势、姿势等）相矛盾。这是因为咨询师在本质上并没有充分意识到自己机体体验到的反应（如愤怒）。这些反应无须向他人隐瞒，因此可能会出人意料地、直接或间接地向当事人表明其所言并非全部（Grafanaki，2001）。这种不一致会给当事人对咨询师的信任造成不可小觑的影响，很有可能抑制当事人做好充分准备尽可能去体验治疗师的共情和无条件积极关注。在这种情境下，治疗师的共情和无条件积极关注可能不被充分信任了。

把所有核心条件视为一种条件？

尽管无法检验每一个核心条件对人为中心治疗过程的独特贡献，但是把其中任何一个条件与其他条件区别开来也是一种误导（Merry，2004）。共情、一致性和无条件积极关注这三者相互联系，每一个都支撑其他两者来建立一种安全和理解的氛围，从而有效降低当事人的不一致性。从这个角度来说，它们组成了一个相互依赖的系统，因此最好把这三者看作一个整体，看成是一种单一的条件。当然，米恩斯和库珀认为，正是共情、无条件积极关注和一致性的结合，使得治疗师得以和当事人一起体验他们所命名的"深度关系"。他们对此是这样描述的（Mearns and Cooper，2005：36）：

> 在与当事人深层次接触和沟通中，治疗师和当事人二人同时体验到高度且持续性的共情接纳，而且共情接纳的联系方式是高度透明的。在二人的这种关系中，当事人体验到治疗师的共情、接受和一致性——无论是以含蓄的还是以明确的方式，并且在那一刻的体验中自己是完全一致的。

虽然从这一角度可以把对深度关系的体验看成是由共情、

无条件积极关注和一致性三者共同组成的,但米恩斯和库珀认为,其实这三者是"一个单变量:关系深入的三个方面"(Mearns and Cooper, 2005: 36),而不是三个离散变量。因此,他们强调,核心条件是由这三者以特定方式整合为单一变量来起作用的,而不是视其为各自独立的单一变量。

尽管人为中心疗法中的核心条件很重要,但同样重要的是,这三个深层次属性也被罗杰斯详述为引起当事人心理改变的必要且充分条件。这些我们将在下面的部分进行探讨。

心理接触、当事人的不一致和治疗师沟通的条件

除了共情、一致性和无条件积极关注,罗杰斯(Rogers, 1957)认为当事人发生心理改变还取决于以下条件:(1)咨询师和当事人处于心理接触之中;(2)当事人处于一种不一致、脆弱且焦虑的状态之中;(3)治疗师与当事人交流中的共情性理解和无条件积极关注会得到最低程度的完成("哪怕仅仅是在最小的程度上,治疗师与当事人在交流中也要有共情、无条件积极关注")。虽然这些条件较少涉及治疗师的行为和态度,但它们有助于当事人与咨询师建立治疗关系,因此对于治疗工作有着非同小可的作用。它们往往被称为"关系条件"(Sanders and Wyatt, 2001),因为它们指的是任何治疗关系必须满足的最低要求,以使心理改变得以发生(假设核心条件也存在)。

> **专栏3.4 "忽视"条件的案例**
>
> 罗杰斯所详述的六个治疗条件有三个被忽视了吗？基思·图多尔（Tudor，2000）认为的确是这样的。他认为，人为中心治疗理论过于强调三个核心条件，以致已成为该疗法的主要问题，而且这也是该疗法的扎实的心理基础被忽视的部分原因。他进一步提出，那三个被忽视的非核心条件是可以让人为中心疗法更加通俗易懂的（Tudor，2000）。当然，罗杰斯从来没有称六个条件中的任何一个为核心条件，也没有说明哪一个条件相较于其他五个更为重要些（如同核心这个术语所隐含的含义）。这种看法曲解了每一个条件都是引起心理改变必不可缺的因素，也曲解了人为中心疗法理论所包含的远不止对治疗师的行为或态度的简单描述。

心理接触

罗杰斯（Rogers，1957）所定义的人为中心疗法的第一个条件是两个人处于心理接触之中。罗杰斯认为，这个条件规定，公认的相互作用是成功治疗所需的。因此某些方面的接触是有必要的，如基础的注意力和感知功能、与他人的沟通能力以及感知他人的能力。除非这个前提条件（Rogers，1957）得到满足，而且得到保证，否则其他的五个条件也就无法实现了，而且这种情况下的治疗也不再具有任何功效了。

因为心理接触具有不可观察性，因此多年来它都被假定为属于人为中心的实践。所以这一条件被视为治疗师所提供的核心条件中的"幕后和声"（Sanders and Wyatt，2001）。然而，人为中心的从业者如普鲁提等人（Prouty et al.，2002）的理论实践所强调的是心理接触不能被假定，这有众多原因。例如，患过高度妄想性精神病的当事人或处于低水平生理功能的人（如患老年痴呆症的人拥有高度不安）往往无法持续性地与他人进行充分的关系接触。因此，心理接触现在通常不被视为二分法的构想（即或者存在或者不存在——正如由罗杰斯在条件1中所指出的），而是根据当事人的心理失调水平和认知功能水平而变化（Mearns, 1997）。

尽管有些当事人——普鲁提等人（Prouty et al., 2002）命名的"接触受损的"的当事人——因为其心理处于失调状态，无法参与到任何治疗关系中（因此需要一个他称为"前治疗"的过程），但是其他当事人则能最低限度地与治疗师建立接触，反之亦然。这样的当事人，其不一致程度相当高，而且其否认和曲解过程也非常稳固。因此，心理接触往往受到限制而且治疗在很大程度上会受到所呈现的接触波动程度的影响。心理接触问题是人为中心框架内的一个重要领域，并且它还提供了一个框架，允许从人为中心的角度来理解和强调那些通常和精神病学（如医学）的定义相关的众多严重心理障碍，比如人格障碍和精神疾病。这些将在第5章进行更深入的探讨。

交流

条件6往往被视为建立心理接触的另一种要求。这种条件就是，"治疗师与当事人交流中的共情性理解和无条件积极关注会得到最低程度的完成"（"哪怕仅仅是在最低程度上，治疗师与当事人在交流中也要有共情、无条件积极关注"；Rogers, 1957）。因此，它是当事人对治疗师的共情和无条件积极关注的感知能力，同时也被认为是治疗改变得以发生的必要条件。因此，除了基本的接触，当事人还必须能够体验到治疗师的共情和无条件积极关注。

虽然"最低程度获得"暗示，这些共情、无条件积极关注的特性并不需要被显著地感知到（不论治疗师在多大程度上交流了这些），但必须要求它们作为促使心理改变发生的因素在一定程度上被当事人体验到。那些在任何程度上都无法与治疗师建立心理接触的当事人，无法体验到咨询师的共情和无条件积极关注，因此有效的治疗就更不可能发生了。同样，那些心理障碍程度过高或者认知能力过低的当事人也仅仅是较少地体会到治疗师的共情和无条件积极关注。在这种情形下，当事人想要发生改变将会变得异常缓慢且困难重重。

当事人的不一致

除了规定治疗师在治疗关系中必须是"一致的或综合的"，罗杰斯（Rogers，1957）还添加了第二个标准，即条件2，它是与不一致的概念联系在一起的。条件2即"当事人处于一种不一致、脆弱且焦虑的状态之中"，这一条件让当事人想要发生改变，这一意愿来自对脆弱或焦虑的体验所产生的不适感（用来指对心理障碍的体验）。而且这一意愿是相当重要的，因为这一条件暗含着，当事人体验到脆弱或焦虑使得他能够意识到自己出现了心理障碍（Singh and Tudor，1997）。图多尔等（Tudor et al.，2004）进一步指出，这种意识在本质上是一种对异常之事的自我识别的意识，这种意识则促使他决定要寻求帮助。因此，这一条件可以被看作规定了当事人想要咨询的意愿或同意咨询。

当然，在有些情况下，人们是被"派"去寻求治疗师帮助的。"派"他们去的，可能是老板、父母或其他年长人士。如果在这种情况下当事人并没有体验到自己的脆弱或焦虑（如在某些情况下，否认和曲解能有效地让当事人保持自己的自我概念），那么人为中心治疗是不能保证当事人发生改变的。类似的结果也可能出现在那些不一致程度并不高因此也不会焦虑或脆弱的当事人身上。这样的当事人有充足的积极自我关注，因此（此刻）也就不需要治疗师的共情和无条件积极关注了。尽管治疗关系对探讨问题和忧虑有所帮助，但是进一步的改变则不是必然会发生的了，即便事实上还是存在这种可能性的。

人为中心取向的实践方法

在简单地描述发生心理改变的六个必要且充分条件中，罗杰斯认为这些治疗过程在真正的治疗中并不是一成不变的。就此而言，关于治疗立场和实践的差异是隐含在他原有理论之中的（这在其1957年版本的描述中，是一个有关一切形式的心理干预的综合性声明），并且为人们所热烈期望和赞颂，并没有让人气馁。事实上，罗杰斯并不喜欢让人为中心疗法停滞在某一阶段，他是个创新与变革的积极倡导者。自从人为中心治疗理论首次出现后，便有大量人为中心疗法的不同实践方式，每一种都倾向于认为自己这种能最好地帮助当事人产生心理改变。事实上，沃纳（Warner，1999）认为，现在"人为中心种族"有纷繁复杂、形式各异的"部落"，并且就人为中心实践方法而言，每一种都有各自不同的贡献。

正如我们在第1章中所探讨的，对这些"部落"加以考虑的一种方法，是就"古典的"个人中心疗法和"经验的"个人中心疗法的总体区别而言的。因此我们将简要地探讨这些领域的每一方面，它们形成了人为中心疗法的主要实践方式。

古典的人为中心疗法

人为中心从业者的一种常见实践方式，尤其是在英国，是使用古典的人为中心疗法，即坚持罗杰斯在1957年和1959年发表的论文中详述的以当事人为中心的疗法。这种古典的实践方式，是在与人为中心治疗方法相关的大多数技能发展和实践情境中得以发展的。莫瑞（Merry，2004：43）指出，古典的人为中心疗法有四个主要原则。概括而言，它们是指：

(1) 主要强调的是促进成长的动力——实现理论。

(2) 治疗师的整体角色是自身作为非指导性和共情的载体对当事人提供无条件积极关注。

(3) 治疗师达到相当高水平的个人一致性，从而能够完全地意识到自我以变得真诚。

(4) 治疗师完全相信当事人，因而在治疗内容方面和治疗过程中保持一种非指导性的态度。

虽然每一个原则都是重要的，但或许古典的人为中心疗法中最重要的因素，或者至少是和经验的人为中心实践方式有所区别的一个因素，就是它所强调的治疗师的非指导性行为（Levitt，2005）。古典的人为中心疗法抗拒对治疗内容（如介绍要讨论的想法、观点）和过程（例如建议集中注意力于特定体验）给予任何形式上的指导。治疗师完全相信当事人有能力发生心理改变（因为当事人有实现倾向，在条件成熟时它会刺激改变的发生），并且治疗师因此被视为完全共情和非指导性的载体。因此，本质上，先前我们探讨的六个条件应是引起心理改变的必要且充分条件。

经验的人为中心疗法

经验的人为中心疗法框架内有大量不同的观点和方法，它们和古典的人为中心疗法有着相同的目标，即促使当事人处理其机体体验从而减少不一致。而和古典的人为中心疗法的相异点则是，实现这一目标的方法是不同的，或者如李特尔（Lietaer，2002：1）所言，差别在于"治疗师是如何让当事人进行经验性自我探索的"。对于采用经验的人为中心疗法的从业者来说，许多策略和技巧都会帮助当事人接触（和参与）之前被自己否认和曲解的机体体验。这样的策略和技巧需要一个更为积极的治疗立场，因此治疗师用特定方式指导着当事人的机体体验。所以他有时"指引"着治疗工作，这样也就通过特定策略或技巧在确定当事人的体验过程方面采取了"过程—经验"的方法（Worsley，2002）。尽管治疗关系在促使改变发生中仍至关重要，但是它也因此并不被视为必需的。正是这些方面区分了经验的人为中心疗法和古典的人为中心疗法（Baker，2004）。

尤金·盖德林和聚焦

毫无疑问，尤金·盖德林（Eugene Gendlin）在发展经验"部落"的人为中心框架方面的工作取得了巨大而显著的进展（Warner，1999）。盖德林主修哲学，1953年在芝加哥大学与罗杰斯成为同事，其兴趣在于找到能够帮助当事人更完全地参与到自己的体验中的方式。随着时间的推移，他发展了他所谓的"体验性感觉"的方法，发明了一种叫做聚焦的方法，即一种在有意识的"边缘"与机体体验相接触的方式（Gendlin，

1978)。这样的体验可以从仅对某物的体验性感觉（Gendlin，1996）"开放"到对概念化的体验或情境的体验（例如有意识地承认机体体验到"愤怒"）。聚焦过程会引起心理成长和不一致的减少，因为之前否认或曲解的体验被有意识地概念化和整合化了。

虽然盖德林的思想包含着很复杂的哲学倾向，但对于如何帮助当事人"聚焦"于其自身体验，盖德林给出的是一种直截了当的方法，即治疗师把这一过程（Gendlin，1996）教授给当事人。这个过程有以下几个步骤：（1）清理"空间"（即在心里对将要做的事情列出一个清单）；（2）确定当下的"体验性感觉"；（3）为那种感觉寻找一个"把手"（即让"把手"能和这种体验性感觉相匹配）；（4）在把手和体验性感觉间来回移动，注意二者的任何变化。虽然在这个过程中有很多关于技巧方面的东西，与古典的人为中心疗法相类似，但盖德林认为，这种治疗关系对当事人感到自己被理解和被尊重最为重要。此外，聚焦过程就内容而言是以当事人为导向的，且始终被视为仅是一种可行的工作方法。因此，它可被认为高度符合罗杰斯所倡导的非指导性方法（Purton，2004a）。然而，不同于大多数古典的人为中心的实践方式，聚焦对当事人的体验采用积极的"指导"，以符合该方法的框架。因此，很多时候治疗师并不相信当事人知道如何才能注意到自己在治疗中（与此同时也提供了治疗技巧和方法）的体验并进行有效的管理，因此罗杰斯（Rogers，1959）所详述的六种条件也被认为是引起当事人改变的必要且充分条件。事实上，聚焦现在仅仅是追随盖德林理念的从业者所采用的一种方法，用来促进当事人体验过程的推进（c.f. Purton，2004b）。

> **专栏 3.5　古典的和经验的人为中心疗法的主要差异**
>
> | 古典的 | 经验的 |
> |---|---|
> | 六种治疗条件在任何时候都被视为必要且充分的 | 六种治疗条件被认为是必要的但并不总是充分的 |
> | 避免治疗中指导当事人的体验或关注点 | 提出帮助当事人体验的方法，但并不指导当事人体验的内容（如，通过诠释的方法） |
> | 不对当事人使用或教授当事人额外的治疗技巧 | 运用特定技巧来帮助当事人接触机体体验，并教授当事人一些技巧 |

大卫·雷尼尔之经验的人为中心疗法

心理学家大卫·雷尼尔（David Rennie）兢兢业业，想在盖德林和罗杰斯的成就之外开拓出一片新的领域。他的著作《人为中心心理咨询：一种经验方法》（*Person-Centred Counselling: An Experiential Approach*，1998）强调了治疗中反射度的作用。反射度指的是我们能够回应（变得具有反射性）自己体验的途径，并且可以体验到它，这也是雷尼尔认为罗杰斯在强调对当事人此时此刻体验的共情上所忽视的一点。他指出，反射度在治疗中起着重要的作用，因为它允许治疗师把当事人的注意力吸引到他可能无法有意识到的自身体验的方方面面上，并且把对这些体验的回应作为治疗过程的一部分。举例来说，这些方面可能包括当事人使用语言的方式（例如共同的隐喻和词语）、非言语交流方面（例如紧握的拳头）、当事人和治疗师之间的"元交流"（即关于交流的交流）方面（如当事人暗示治疗师的方式"并不适合自己"）。雷尼尔认为治疗师的主要作用是"指引"当事人把注意力集中到这些方面。这样的行为意味着，治疗师认为反射过程本身能引起更进一步的体验（例如，识别非言语悲伤让当事人有意识地承认自己的悲伤），从而引起当事人的心理改变。

和盖德林一样，雷尼尔（Rennie，1998）认为经验的人为中心疗法的治疗师的作用要远远超过那些古典的人为中心疗法的治疗师的作用。雷尼尔在建议咨询师"指导"当事人把注意力集中到自己的特定体验上时，他提议治疗师必须在治疗的特定时候承担"专家"的角色（例如，提供评论、观察和建议）。的确，雷尼尔是欣然接受这样的机会的，他认为治疗师的"专家"角色会给当事人树立"榜样"，从而让当事人能够作为中介者（决定如何行动，而不是"被决定"和被固定）做出选择。在他看来，这对于治疗任务能否实现至关重要。他认为，许多当事人并不把自己看作是有选择的，从而经常需要"他人帮助他们处理自身的事情"（Rennie，1998：81）。而对当事人的帮助就是强调当事人在所有情况下都有作为中介者或进行选择的能力。

"过程—经验"的方法

在所有经验的人为中心疗法中最具有争议的是格林伯格（Leslie Greenberg）、赖斯（Laura Rice）和埃利奥特（Robert Elliott）的工作（Greenberg et al.，1993）。的确，争议的焦点在于，他们的工作在多大范围上属于人为中心的范畴，因为他们并不赞同罗杰斯关于人格改变的本质和基础的观点（Baker，2004），并且在治疗过程中高度支持技术立场，因此削弱了治疗关系对促使改变发生的重要性。

格林伯格等人（Greenberg et al.，1993）的观点现在常被视为情感聚焦疗法，他们提出了一个关于情感过程的复杂理论（其关注点在于情感），认为贯穿我们一生的"情感图式"往往并不能和我们在特定情况下的认知评估相一致。因此，比如，我们知道我们在黑暗中是安全的，但是在灯熄灭的时候仍然会感觉到恐惧。他们认为导致这种矛盾的原因在于，情感图式要么适应不良（也就是说，不再适用于当前正在遭遇的情况），要么在首次形成时便不能充分或正确处理那些情感体验。格林伯格等人还明确了种种正式的技术，这些技术和当事人确定有意的情感图式相关联，并且，必要的话，对当事人最初的情感体验进行再处理。而且这些技术涉及与当事人某种形式的内部加工有关的特殊"标记"。因此，特定类型的技术适用于特定情形，比如"两椅法"（即当事人在两把不同的椅子中任选一把，而这两把椅子代表着当事人不同"部分"的自我）适用于当事人遇到内部冲突等问题的情形。而他们对此所设想的目的就是他们所谓的当事人对自己情感体验的不断征服（Greenberg et al.，1993）。

格林伯格等人的工作与人为中心疗法在不一致对心理障碍的作用方面有很多相似之处（也就是说，情感常常不能被清楚地意识到），而且都强调治疗师和当事人之间共情的、非指导性的治疗关系在改变过程中的重要作用。但是，它势必处于人为中心疗法的最边缘，因为就其治疗术语而言许多都不属于人为中心疗法的合法范畴。

新方法：对话式的人为中心治疗

虽然到目前为止古典的与经验的人为中心疗法都取得了重大的发展，但近几年来，人为中心疗法又出现了一个全新的视角，即强调在以治疗对象为核心的情况下当事人和治疗师之间关系的重要性。然而，不同于古典的和经验的人为中心疗法所强调的治疗师在治疗中的贡献和角色（就"态度"或"技术"而言；Sanders，2004），对话（常被称为"关系的"或"主体间的"）法强调的是当事人和咨询师之间的治疗关系，并把它看作是两个人共同创造的对话，而不是一个人对另一个人提供的大量治疗特性（Barrett-Lennard，2005）。因此，它所重点强调的并不是去维持一贯的非指导性态度（如古典的人为中心疗法）或促进改变的发生（如经验的人为中心疗法），而是用一种深度的、亲密的方式来体验当事人的遭遇（Mearns and Cooper，2005）。

对对话法的发展有卓越贡献的是皮特·施密德（Schmid，2001），他认为，人为中心疗法的根本基础在于对话式交谈，其中两人（即治疗师和当事人）之间的差异为二人的深度意义联结奠定了坚固的基础（Buber，1958）。由此，他认为，这种亲密的、人与人之间的体验（如果缺乏这些或过度提供，就会被认为是造成所有心理不适的原因）将会带来新的治疗特性（Schmid，2004）。

在"深度关系"的概念中同样凸显了治疗中深度人际联结的作用（Mearns，1997；Mearns and Cooper，2005）。正如我们之前所讨论的，这是一个涉及把所有核心条件整合为一种关系模型从而让会谈成为可能的过程，而这种会谈（Mearns and Cooper，2005：37）是指"两人采取一种完全真挚开放和完全参与的方式参与其中",不带有任何心理面具、角色或安全遮蔽。为了让当事人体验到深度关系,可以让他们和另一个能共情、能接受和确认他们的"表现"的人进行会谈(Rogers,1980),而这个人也因此提供了深度关系联结从而促使心理改变发生。虽然本质上这与罗杰斯所定义的过程相同(即治疗关系本身提供了一个情境,使当事人的实现倾向能促使其心理发生改变),但它在更大程度上强调人际联结比其构成因素(咨询师的共情)更为重要。这样的联结永远只能是当事人和治疗师共同创造的,因而在形式和内容方面具有内在的对话性(即两个人之间)。然而,实现这样的会谈不是件容易的事情。米恩斯和库珀(Mearns and Cooper,2005:113-135)认为,从业者可以从以下几个方面来尝试:

- 放开"目标"和"欲望"——在治疗之前便瓦解当事人先前的想法或打算。
- 放弃"企盼"——避免对当事人产生任何期望和假设。
- 丢开技术——避免使用任何对建立人与人之间的深厚关系不利的技术或方法。
- 听,听,听——真诚地关心当事人对自己所有体验的表达。
- 敲门——邀请当事人探索其生活体验。
- 对会被当事人影响这一点持开放的态度——做好准备迎接由于与另一个人的深度接触而带来的影响。
- 尽量减少分心——采取切实可行的步骤,以确保会谈是主要关注点,而不是与会谈内容无关的琐事。
- 透明度——对个人感觉、脆弱、体验以及对治疗过程本身的困惑与不确定性,要持开放和真诚的态度。

- 在此时此地工作——保持现在的关注点，事实上，是运用治疗关系来探析那些潜在的阻止当事人与他人亲近的因素。

尽管其中的许多方面在形式上都带有某种程度的"技术"色彩，但是它们的目的是促使迥然相异的事情发生，即促使在心理学领域中很难遇到的深刻联结的会心小组出现。也正是这种意图，再次阐明了人为中心疗法在咨询心理学领域的独特地位。

本章内容提要

- 1957年罗杰斯正式对人为中心的治疗理论进行详细的阐述，尽管这方面一直是他工作的一部分。
- 罗杰斯认为，如若治疗关系满足六个条件，那么它们就会成为促进当事人心理改变的必要且充分条件。
- 三种和治疗师的行为相关的条件已被视为核心条件。它们包括让当事人体验到共情和无条件积极关注，以及治疗师在其自身体验中保持一致性。
- 共情是指在任何时刻都能够理解当事人自身体验或主观"参照系"的态度。
- 无条件积极关注是指当事人体验到的他人的非评判性评估。
- 一致性是指一种状态，即治疗师不受价值条件所导致的不一致体验的支配这一状态。它伴随着高水平的自我接纳。
- 罗杰斯详述的三种高层次条件与潜在治疗条件相关。这三种条件是：治疗师与当事人处于心理接触中；当事人是不一致的；当事人能意识到治疗师的共情和无条件积极关注。
- 有各种各样的方式可以践行人为中心疗法。古典的人为中心从业者遵循罗杰斯勾勒的治疗步骤，视六个条件为促使当事人改变的必要且充分条件。
- 经验的人为中心从业者认为这六个条件是必要条件，但并不总是充分的。他们使用各种各样的技术或策略来帮助当事人和其自身机体体验相接触。
- 近年来，出现了一种新的人为中心疗法——对话式疗法，它强调由当事人和咨询师共同建立深刻联结的会心小组的重要性。

第4章

促进改变的过程：行践中的人为中心心理咨询

人为中心疗法中关于改变的过程

在前几章我们探讨了如何用人为中心理论解释心理障碍（不一致）的不同看法，并对引起改变的必要且充分的治疗条件进行了探讨。然而，这些因素之间的因果关系可能会随着对当事人心理改变过程的精确理解而得到进一步的阐述。罗杰斯在他的《心理治疗构想过程》（*Process Conception of Psychotherapy*）中就对此进行了详述。在这篇文章中，他描述了人们在治疗过程中是如何从不一致转向一致的。然而，实践研究表明，这并不是件容易的事情，正如他所认为的那样（Rogers，1961：131）：

在努力掌握和概念化改变的过程中，我最初是寻找那些能够标志变化或凸显变化特征的要素。我把改变当做一个个体实在并寻找它自身具有的特性。随着置身于改变的原始材料中，我的认识日益变成关于连续统一体的理解，这是一种不同于我之前所概念化的改变的连续统一体。此时我认识到，个体的改变不是从固定性或者动态静止性向另一个新的固定性转变，尽管这样的转变也确实是可能发生的。更显著的连续统一体是从固定性到改变性，从死板结构到流动结构，从停滞静止到加工处理的改变。

罗杰斯认为，改变的过程是对所有体验日益开放的过程。它不是从一个固定的观念转到另一个固定的观念，而是从一个固定的观念转到一个持续变化的观念。因此，他开始对机体经验的日益"流动性"进行探讨。从这一角度来看，任何从事治疗的人可能会定位在从完全固定（比如，一种完全死板的体验方式）到完全改变的连续统一体上。所有这一切在某种程度上看似很复杂，但实际上的确再次说明了，一致性程度的提高是和心理防御（即否认和曲解）的减少联系在一起的。防御的减少，实际上是指对体验、认知和观点的开放有更大的接受能力。极端逻辑（完全是持续变化的）认为，这种状态让人们能够处理任何时刻的任何体验，而不是试图把这些体验"固定"到关于自我和世界的建构中去。因此，在这种环境下的个人常处于不断变化的过程中。

改变的七个阶段

为了描述从固定性转向持续变化性的连续统一体，罗杰斯（Rogers，1961）明确了当事人心理改变的七个离散阶段，它们代表着当事人从不一致性到一致性的转变。这些内容详列如下。

第一阶段

当事人把生命视为全部意义或者毫无意义，认为自己没有任何问题，因此当困难出现时只会一味指责他人。所有体验都被权衡为僵化的观点和思维（例如，"我从来没有抑郁或愤怒"）。对于当事人来说在现阶段进入自愿治疗是罕见的。他不相信自己需要治疗和援助。他是完全不一致的。

第二阶段

虽然此时可能会承认一些消极情绪，但只会用固定的方式（例如，"我很沮丧"）来看待这些消极情绪，而且很难对其体验进行内在反应或承担个人责任。或许可以表达出观点或者感觉中的矛盾，但往往意识不到它们的矛盾本性。同样，在这一阶段，当事人自愿进行治疗也是不太可能的。

第三阶段

在第三阶段，当事人对"自我"开始有一些回应，尽管主要是在过去的感受或体验方面。目前的体验仍是带有试验色彩的，常会外在化于他人的观点（"众所周知，我很快乐，运气也好，但我却感觉很失落"），且可能承认矛盾的感觉和想法。正是在这个阶段，大多数的当事人愿意接受治疗，意识到他们需要帮助。

第四阶段

当事人对此时此刻发生的事情的体验能力不断提高，逐渐意识到自己不舒服的（机体上的）感觉。更高水平的"自我"质疑很有可能发生，特别是对现有的观点和建构（"自我概念"）。或许还会发现一些观点的合理性。大多数治疗工作发生在这个阶段，以及第五阶段。

第五阶段

当事人逐渐能够"拥有"自己的体验，有能力为其多数体验负责。先前所持的观点可能是一种批判性的评价，是一种伴随着较高能力来表达当下体验的过程（比如，变得更加愤怒）。

第六阶段

这个阶段当事人可以参加治疗小组中的即时体验，不带抵制地表达他是如何感觉的。这对当事人的探究有更大的自由。当事人能够完全拥有他自己的亲身体验，因此从曾经的不一致走向一致。一个新的"自我概念"开始浮现，这是一个与整个机体体验联系更加紧密的"自我概念"。

第七阶段

在第七阶段当事人可自然地处理他的机体体验，不再服从于否认或曲解的过程。当事人有一种感觉上的松动，而且他在任何时刻都能够接受。当事人对其体验，无论好坏，都能承担完全的个人责任，这也是罗杰斯（Rogers，1961：155）所说的"一种不断流动变化的过程"。这时，当事人就能够每时每刻地完全接受自己。

人为中心实践中关于改变的过程

虽然罗杰斯在心理改变阶段的研究是描述性的而不是放逐

性的（即并不旨在指导对当事人的治疗），但是它为理解当事人在有效治疗中的行为走向提供了有用的框架。正如我们所看到的，这是一个重要的观察，改变并不是从一个固定的状态到另一个固定的状态，而是从一个固定的体验（例如僵化的思维方式或感觉方式）到一种不断改变的体验（例如一种开放的感情和思想）。因此，有效的治疗并不一定会使当事人对一切都感到"良好"，而是设想，他正日益接受他的所有体验，能够接受这些体验作为他人生中合理的方面。

明显地，不是所有当事人都要经历罗杰斯所描述的作为治疗过程的一部分的所有阶段。对当事人来说，在第三阶段开始咨询辅导并在第四或第五阶段结束咨询辅导是很普遍的。此外，个体在改变过程中的轨迹并不是轮廓清晰的。随着治疗取得进展，当事人可能会表现得自己也有所进步，但事实上反而是当事人后退到更严重的行动固化上去了。可以把这些结果视为不一致的产物，"自我"逐渐难以通过否认和曲解机制来维持自身。就像米恩斯（Mearns，1994）认为的，与当自我概念受到机体体验的威胁时就会"反击"一样，这是很平常的事。

尽管对罗杰斯（Rogers，1961）所定义的改变过程七阶段的理解已经日趋精确，但这些只能在某种程度上阐明在人为中心治疗实践中可能会发生的事情。因此，把到目前为止所讨论的理论和人为中心疗法如何取得进展的例子相结合很重要，也就是说，要"从实践"上来了解人为中心疗法。

案例研究介绍

接下来的两个案例研究探讨人为中心疗法是如何促使当事

人心理发生改变的。这两个案例不是从治疗师或者当事人的视角来陈述的，而是以第三人称来叙述的"流水账"。虽然这在对人为中心实践的描述中并不是独一无二的（Bryant-Jefferies，2005），但是这样的写法能够比一般的治疗报告更高效地利用空间（Bor and Watts，2006）。此外，它强调的是所描述的实践工作的虚构基础。在这些个案中所描述的咨询师或当事人并不是"真实的"，也就是说，他们不是特定个人或独特个体的混合物。同样，在对所要解决的问题和对结果的描述上也是这样。然而，这些案例研究确实想要说明人为中心工作者多么渴望解决一些典型的治疗问题。就这点而言，他们所做的正是对接触人为中心疗法的"真实性"的尝试。

如我们在第 3 章探讨的那样，对人为中心治疗的实践存在大量不同的看法。这些观点主要可以划分为古典的视角和经验的视角两种。这里提供的两个案例是为了说明通常情况下咨询师是如何让每一种视角和治疗实践相吻合的。这两种视角下的工作方法并不是离散的，因此读者可以发现它们之间的很多重叠之处。但它们还是有差别的，特别是在技术和策略运用方面。而且这些差别也凸显了古典的和经验的人为中心疗法之间的偏差。事实上，在后一案例中，使用了许多来源于不同经验派别的经验方法（如聚焦、体验历程），以说明在治疗过程中这些方法是具有可施行的潜力的。但这并不意味着所有的"经验"工作者走的都是这种折中道路，有些"经验"工作者则更喜欢坚定自己的"经验"立场（如聚焦）。

在介绍这些案例之前有必要说明的是，每个案例都只是探讨了和人为中心疗法相关的一小部分问题。重要的个人因素，如性别差异、年龄、种族、性别、残疾等，尽管它们对任何治疗关系的发展都相当重要，但是此处并未对此进行探讨。同样,道德和专业因素,例如接触过程,这里也并未进行探讨。这是明智的,因为这样才能更加专注于治疗工作本身。

最后一点是关于背景的问题。人为中心疗法可发生于多种多样的情境下,每一种情境下的临床工作中都要引进许多重要的变量。例如,在基本关爱情境(例如一个外科手术)下所进行的辅导,其面询次数会受到限制,而且必须在医学考场内进行。而从业者在做私人咨询时则完全不同:不但有专用的咨询场所,而且对自己和当事人的面询次数也是完全灵活的。(当然,这是取决于当事人的经济条件的。)

在接下来进行的两个案例中,有两个前提。首先,咨询工作发生在一个已设置好的环境中,即当事人已经接受了职场咨询帮助。其次,咨询是在一个私人环境中进行的。虽然这两个研究是基于一个基本关爱情境,比如英国国民医疗服务制度下的心理服务,且可能与任何希望在咨询心理学上有所建树的读者有关,但由于在英国国民医疗服务制度情境中进行的人为中心治疗工作会涉及一系列复杂因素,所以这个环境的设置就被省略了。对这些因素进行恰当的处理需要尽可能详细的探究,而此刻是无法做到的。但是,这不意味着人为中心疗法不适用于应用保健领域,如英国国民医疗服务制度,或者更确切地说是那些复杂的心理需求,这个问题在第5章中会有更加详细的探讨。

案例研究 1 鲍勃的压力:"古典的"人为中心疗法

鲍勃的故事

我是一个 39 岁的已婚男人,有一个 16 岁的女儿和一个 13 岁的儿子。我有一个相当快乐的童年,并于 18 岁进入大学,学习工程学。我结婚时相当年轻,才 22 岁便和莱娜结婚,并且很快就做了父亲。我在一家大型工程公司工作了至少15年，而且现在已经做到了管理层。一直以来我都非常喜欢我的工作，并且很享受自己幸福美满的家庭生活。然而，就在几个月前，我觉得自己很疲倦，压力也很大，甚至开始讨厌我现在的工作。我很努力地去应付，但还是感觉筋疲力尽，对所有的东西也都丧失了兴趣。我不但夜夜失眠，还总是和别人产生争执。我已经不再是"我"了。最后我走出了办公室。我再也无法忍受了。

在那之后我去见了我的家庭医生，他建议我休假几个星期。与此同时，我答应了我的经理，联系公司的员工帮助计划（EAP）负责人去做一个咨询辅导。EAP负责人向我推荐了琼。我真的不知道还可以期待什么，但我觉得自己应该做些什么来让自己感觉好一些。

开始辅导

琼和鲍勃的第一次会面发生在星期一晚上，地点在琼指定的辅导中心。在他们的会面中，鲍勃对琼说自己总是感觉压力重重，没有动力，疲惫不堪。他时常感到"紧张不安"，经常与同事和家人发生争执。鲍勃说这并不像他，平常他都是平易近人和心平气和的。他认为情绪的改变可能是由工作冲突引起的压力所致。但是，过去15年里他已经习惯了工作上的压力，而且此时的压力并不比过去所承受的多啊。于是他对这一切困惑重重：为什么这些他已经习惯的事情现在却让他感觉如此糟糕？就在最近，事情的发展在他对一位同事大喊大叫时达到高潮。从那以后，他再也没有上过班。

在会谈中，琼很快注意到，鲍勃一直在谈论自己的工作，很少谈及他自己、家人或任何其他爱好。事实上，他才刚刚39岁，但被问到对年纪渐长的感受时，他却很排斥。他并没有多说自己的感觉,反而说了别人对自己的评价(例如,"别人说我是个很好的听众")。琼和鲍勃在一起时也发现了自己的恐惧感(即她的不一致),但是她并不想在他们关系的早期阶段提及这些。

第一次面询后,鲍勃和琼约定了之后的 12 次面询。鲍勃觉得这种面询很奇怪,他并不习惯于谈论自己和自己的生活。他对琼似乎只关心他所说的事情也感到非常不舒服,他觉得琼应该告诉自己应该怎么做才能让事情变得更好,只要琼告诉了自己,自己就一定能应付得来。纵使他很坚强,他也不明白为什么自己感觉如此不堪重负。

建立关系

在接下来的几周内鲍勃仍然觉得这种面询甚是让人沮丧。他经常对琼感到厌烦,因为琼并不愿意给他建议,也不告诉他如何改善内心的感受。他想要的就是如何最好地应对这些压力的明确指导,以及让他回到"老鲍勃"的方法。而琼所做的只是问他感觉怎么样,然后再重复一遍他的话语。鲍勃发现自己对琼的话带有一种抵触情绪,对自己的观点和经历进行更深入的思考让他产生了巨大的压力。这些都是他不喜欢做的事情。它们让人感到尴尬和不舒服,仿佛他自己本身就是个莫名其妙的问题。

琼也发现了这几次面询中的矛盾,意识到鲍勃似乎只对她的见解感兴趣,而不是发掘他自己的感受和体验。她承认自己因鲍勃不希望谈论自我责任感到烦恼,而且鲍勃在被问及感受时也变得有所防御。琼觉得她和鲍勃都发现很难建立融洽的关系,并怀疑他究竟体验到多少她的共情和无条件积极关注。

之后没多久,琼和她的督导苏珊一起探讨她为鲍勃所做的工作,她告诉了苏珊所有关于鲍勃的问题,以及他总想从自己

第4章 促进改变的过程：行践中的人为中心心理咨询

这儿获得实用性的"解决方案"，她还承认和他在一起时偶尔会感到害怕，虽然她并不确定为什么会有这样的感受。

苏珊聚精会神地听琼说，注意到只有在谈及她与鲍勃的工作时，琼才如此紧张。

"琼，你似乎很生鲍勃的气。"

琼想了一会儿，说："我不是生气，我只是对他感觉很厌烦。"

"那是什么让你对他感觉这么厌烦呢？"

"嗯，我想，也许我感到恼火是因为我觉得自己没用，不能给他他想要的东西，也无法解决他的问题。这些都让我感到害怕。"

苏珊点了点头："所以你在质疑自己以及你对他的付出的价值，你觉得自己并没有帮助到他。"

琼看着地板说："我想我确实是这样认为的。"

在这次督导之后，琼花了很多时间思考她和鲍勃的关系，仔细考虑了人为中心疗法的六个必要且充分条件。她意识到和鲍勃在一起会让她想起她过去生活中令人不快的经历，然后会觉得自己没有用，觉得自己"不够资格"作为一位咨询顾问。她想知道是不是她自身的这些感受被曲解成了对鲍勃的恼火。这也暗示了她在这段治疗关系中并没有完全一致，这也是她应该注意的。

关于共情的问题也需要加以考虑。关于琼害怕和鲍勃在一起，苏珊怀疑琼的这种感受是对鲍勃的恐惧性体验的共情反应。这并不少见，琼曾多次在面询中感受到当事人的感受。

在接下来的面询中，琼决定告诉鲍勃和他在一起时自己的恐惧感受，她选择真诚地面对他，而不是把自己隐藏在专业"顾问"的面具之后。她确定这些感觉是她对鲍勃的共情感受和她自己过去"伤疤"的混合物。尽管她知道这会影响他们之间的关系，但她还是想要对鲍勃坦陈一切。

琼告诉鲍勃她已经注意到自己在先前面询中的些许恐惧感，想知道这对于他在这次咨询中的体验是否有所影响。鲍勃对她的问题感到非常惊讶。这完全出乎他的意料。但是，在接受了这个问题后，他开始思考自己以及他在这几次面询中的感受。他经常对琼不告诉他怎么办感到恼火。但是，他现在意识到了问题并不在于她。他对发生在他身上的事感到害怕，不顾一切想让他的恐惧消失，让事情恢复正常。"是的，"他想，"是的，我同样感到很害怕，害怕待在这儿，害怕将要发生的事情。"

琼和鲍勃就这种感受继续探讨了一会儿，试验性地把这种感受和鲍勃以前的生活联系起来，而不仅仅是将他近期在咨询中的体验和最近感受到的压力相联系。他意识到他害怕很多东西，害怕不能做到"足够好"，害怕被人看作是一个"失败者"。这是一个重要的识别，在之后的面询中他和琼继续就这个问题进行探讨。她尝试性地问道，如果他"失败"将会有什么一样感受。对鲍勃来说，这是一个可怕的可能性，就像在他的胃里"咬"个洞一样疼痛，这种感觉他应该已经知道了很长时间，但就是无法说出个所以然来。

琼披露了自己对鲍勃的感受，这实际上是他们之间关系的转折点。鲍勃觉得他现在感觉轻松了些，真正相信琼对自己是真诚的。他还发现谈论自己的恐惧感能让自己真正释放，这是他以前从未承认的，连对他自己也没承认过。然后他开始尝试性地思索为什么他对自己感觉那么糟。

取得进展

随着他们的工作取得进展，鲍勃开始告诉琼更多有关他本人和他过去的事：他如何生长于一个非常严格的家庭，父母只对他学术上的"成就"感兴趣。他是如何在大学里遇见他的妻子莱娜，然后很快和她结婚的。他之后是如何成为一个父亲，并且依他父母的期望在他现在的公司开始职业生涯并取得了成功。虽然他讨厌说这些，但他仍然感到了痛苦和愤怒，因为除了遵循传统的道路从中学到大学到结婚再到工作之外，他的生活经历得太少，他所做的似乎都是他人想让他做的，而不是他自己所渴求的。然而他害怕改变，如果他不再拥有一份稳定的工作，或者不再是滥好人，不再是让每人走一遍的"门垫"，他不知道别人会怎么想。琼注意到鲍勃越来越意识到自己的生活方式与他想要的似乎不相符。琼还感觉鲍勃很多次都向自己传达了这样一种感觉，即鲍勃感到自己是为别人而活，不是为自己而活。她试图用自己的共情回应来表达这些："这就好比你从不觉得你'拥有'你的生活？"鲍勃目不转睛地看着她："'拥有'一词并不准确，但是确实是类似这样的。我想我并不觉得这个活着的人真的是我。"鲍勃在仔细考虑反思自己的话时，琼看了他片刻。

"你并不感觉你自己是活着的吗？"

鲍勃深吸了一口气，然后慢慢说道："我想我感觉不到，有时候感觉不到。"

在这次面询之后，鲍勃感到非常伤心，他很震惊自己是这样看待自己、看待自己的生活的。他愤慨于自己迫不得已做出的牺牲，他也知道这让他十分失落，但并没有意识到恰好是它们强烈地影响了他。每一次他停止做那些他想做的觉得"应该"做的事时，琼的那句不是"拥有你自己的生命"的话就在耳边回响。这并不是说他不想为他人做事。他真的很爱莱娜和孩子们，并且希望人们尊重他。只是确实没有太多的时间来做他想做的事。他太害怕不能成为他人眼中的"优秀员工"或"能给予支持的朋友",为此,他总是尽力求得安全选项,而放弃了自己想做的事。为了不辜负他人的期望,他囚禁了自己。

在之后的几个星期里,鲍勃和琼继续努力探索鲍勃不能按自己的想法去生活的感受。这时琼特别关注鲍勃的想法和体验,对他表达的事情都给予关爱的、非评判性的共情。他们广泛地谈论鲍勃的生活,他的年轻时代,他的教育和婚姻,以及他与父母日益糟糕的关系。他们也探讨了鲍勃对于年龄渐长的感受,以及为何他的39岁生日引起了他对自己人生成就的质疑。这个事件非常重要,它凸显了鲍勃害怕让他人失望与自己想要使人生和自我价值相一致间的冲突。他日益苍老,因此纠结在一种迥然不同的生活方式上,一种似乎很难实现的生活方式。他担心自己时间不多了。

在这段时间里,鲍勃感到自己和琼的关系日益密切,这也让他能自如地和琼讨论那些让他很受伤的话题,特别是关于害怕没有成为"完美的儿子、丈夫或父亲"的家庭挫败感的话题。他在面询中感情日益丰富,并且愿意花更多时间去反思自己,琼也注意到他们之间的关系在深化。但是,她仍小心谨慎地继续为鲍勃提供简单的共情和无条件积极关注,以帮助他找到自己前进的道路。她相信鲍勃完全有能力找到他自己的方向,并且很乐意允许鲍勃自己去决定面询的次数。她同样很高兴地同意了鲍勃的要求,在结束最初约定的12次面询之后仍继续和他一起工作,她很尊重鲍勃想要继续咨询辅导的想法。当然,他们都很幸运,因为鲍勃的公司愿意继续为他的咨询辅导买单。

第14次面询那天,鲍勃早早地就来了,因为上周末发生的事让他兴奋至今。现在他已经回到公司做兼职工作并努力去获得认可,尽管这仍然是个艰巨的任务。

第4章 促进改变的过程：行践中的人为中心心理咨询

"星期六我碰到了一个老朋友，去年他开了自己的公司，做得相当好，然后我便很好奇，呃，想知道我自己是否也能做些什么。"

"你想自己创业？"

"嗯，那只是一种想法，但是我真的很想要去尝试一下。我想要成立我自己的电脑修理公司。这有点冒险，但我觉得一定会成功的。"

琼从未见过如此富有热情的鲍勃。过去那个面色苍白、言行举止透着紧张的鲍勃不见了，取而代之的是浑身充满活力和激情的鲍勃，而且几乎让琼窒息。鲍勃此刻充满渴望地盯着琼，而琼正竭力试图找到合适的词语来回应他。这听起来是个不错的主意，但是她必须小心谨慎地给予回应，因为过分移情于这个"崭新"的鲍勃可能贬损之前那个面询中的鲍勃（即他先前的"自我概念"）。最终，琼表示自己对于他的改变感到非常吃惊，这是对于鲍勃转变的一种真正的一致性回应。然后鲍勃回之一笑："我也感觉太惊讶了，我从来没想过有一天我甚至会考虑这样的事情，我简直无法相信这个念头竟然让我如此富有激情。"

琼感觉自己已经看到了在先前面询中被鲍勃隐藏的那部分自己，然后他们俩开始共同探讨鲍勃的自我经营理念。他想要更多的工作自由，想要尝试新奇的事情，承担更多的风险。但是，在接下来的面询中，鲍勃的热情却逐渐消退，并对改变表现出了重重疑虑。"如果我失败了怎么办？我肯定无法承受。"他说。他怀疑家人会无法理解自己为什么放弃了一份好工作，尽管是份让他不开心的工作。他还对经济损失感到担心，因为失败的话，莱娜和孩子们就不得不支援他。

"不，"他说，"这是不可能的。"但是，说这些话时鲍勃面部肌肉在抽搐。

"似乎有一部分的你仍然想承担风险。"琼说。

"是的，我想是的。"他叹了口气，"我只是不知道自己在想什么。"

在他们谈话的时候，琼注意到鲍勃经常在两个观点之间游走不定，或许这就是米恩斯（Mearns，1999）所谓的"自我完型"。首先是"无私的"鲍勃，不让任何人失望，让事情一如既往。其次还有个"不安分的"鲍勃，不顾一切地要做一些事情以体现自己的价值。每个他似乎都想要尝试一些不同的事情，都执着于自己的前进方式。琼并不是把这"两个鲍勃"联系起来，而是格外小心地注意着"两个鲍勃"，移情于这"两个截然不同的鲍勃"。她知道赞同其中一个鲍勃将会降低她的无条件积极关注，还极有可能会削弱他们的治疗关系。

对于鲍勃来说，应对自己的不同想法是一个非常困难的过程，他常常希望琼告诉自己应该怎么做。但是，他也知道即便她这样做了，也不过是对他人生的另一种见解，是对注意或者"失望"的另一种希冀。他很清楚地知道自己需要的只是为自己做个决定，或许是这么多年来的第一次。然而，他却无法迅速轻松地做出这个决定。

结束

尽管鲍勃发现事情依旧困难重重，但是在第 16 次面询前他已全身心地投入到工作中去。随着时间的推移，他自我感觉越来越不错，也能自如地处理事情了。事实上，每次到了办公室就会提醒他工作的好处，激励他继续努力工作。他也很少感到疲劳和紧张了，他发现自己每天早上离开家时都是步履轻松的。

在第 19 次面询中，鲍勃问琼他们的咨询工作是否该结束了。他感到自己好了很多。起初，听到鲍勃的这个想法时琼感到有些许的吃惊，并花了一段时间去探寻他为什么不想再继续

第4章　促进改变的过程：行践中的人为中心心理咨询

下去。她知道他已经乐观了不少，但是对于未来他仍旧存在着冲突。然而，反思这一路的进展，她认识到鲍勃在许多方面都发生了变化。他不再保守于自己的感情和体验，也能"承认"自己的怀疑和恐惧。同时，他还准备为自己多做些事情，诸如和朋友约定去短足旅行。

在讨论他想要终止面询的想法时，鲍勃告诉琼创业不是他现在最应该做的事情。虽然这确实是自己想做的事，但或许等过几年孩子独立了，自己也就可以创业了。事实上，他说："等那时我们有了足够的钱，真的可以去试试。目前，我想我只能这样，但是我知道将来我一定要做些不一样的事情。事实上，我爱上了这种感觉，为这件迥然不同的事情进行循序计划的感觉。"

琼看着他边说边笑，她知道他现在已经大不同了。他能为自己做出选择，而不再困于让自己符合他人对自己的希望。他越来越活跃，越来越一致，还告诉琼他自己真正需要什么以及为自己的价值而行动。

"我很高兴看到你这么积极地面对自己、面对生活。"

"这对我来说仅仅是一种改变。我感觉自己获得了重生。虽然仅仅是知道我还有其他的选择，虽然仍然害怕自己会让他人失望，但是我也知道自己现在并不像从前那样失落了。我现在感觉对一切都云淡风轻了。人生并不只是工作，还有很多其他东西。"

"所以你感觉到人生有种种可能，并且对未来也有了计划。这很不错。当然，只要有希冀就一定能成功。在最终结束之前，我们总共进行了多少次面询？"

鲍勃建议他们多几次谈话，琼愉快地同意了。在这些面询期间，他们重新回顾这段日子以来的成就，发现鲍勃前后的改变真的很大。琼认为，之前对鲍勃来说相当重要的东西现在都无关紧要了。"他似乎真的明白了人生有种种可能。"尽管他并没有发生什么重大改变,但很多细节上的改变却一直在持续发生。鲍勃也发现了自己的改变,他再也不想看见以前的自己。

琼的反思

我喜欢和鲍勃一起工作。他对满足他人希望非常忧虑(价值条件?)。他逐渐意识到自己的自主,并对自己的感觉承担责任,这点很让人欣慰。他在日益一致的过程中也越来越开放,越来越活跃。然而,这是一个内部的过程,让他在控制之下感受到更多,更愿意去选择。虽然最初他希望我来告诉他应该怎么做,但现在他更自信地自己做决定,从自身来评估事情。当然,我所能做的就是让他感受到我的共情、一致性和无条件积极关注。有些时候,这并不容易,但我相信这是值得的。到现在我还在惊叹于实现倾向对促进心理成长的作用。相信每个人都有实现倾向,这种倾向能促进人们心理成长,嗯,这真是个不错的想法。

个案研究 2 萨拉的抑郁症:"经验的"人为中心疗法

萨拉的故事

我是一名19岁的学生,现在在我讨厌的夜总会上班,并且一个人居住。我是家里的独生女,但是童年却过得很糟糕。我的父母在我9岁的时候就分居了,然后我的母亲沾染上了毒品,而且情况很糟糕。但是我的父亲却一走了之,之后我再也没见过他。16岁的时候我离开家搬到了男朋友的住处。但是在他提出希望我们有一套共同的公寓的时候,我离开了他。他希望我们彼此承诺,但是我不知该怎么回应。最后我留了一张字条给他,说我离开了。在那之后我和阿姨住了一段日子,然后便开始了大学生活。一切都相安无事,但是不知什么时候起我开始酗酒,服用大量麻醉药,甚至彻夜不归。学校开除了我。然后我就经常和阿姨发生争执。最后我离开了她,开始了露宿街头的日子。现在我对万事万物都充满了愤怒和排斥。

我觉得是我自己毁了我的一生，但现在我手足无措。我被困在自己讨厌的工作中和住处，和我的家庭没有任何联系，感觉已经走投无路。我经常就是呆呆地坐着，萎靡不振，希望事情能有所改变。但是我对任何事情都没有动力。一个朋友建议我去寻求咨询师的帮助。最初我并不喜欢这个主意。但后来我越想越觉得这不失为一种改变的方式。在看到当地一家报纸刊登保罗提供心理咨询的广告后，我决定与他联系。他身上有我喜欢的东西。他提出（郑重地）减少那些低收入人群的咨询费用，所以我电邮他来预约咨询。

开始咨询

萨拉和保罗的第一次面询进展得很顺利，她发现与保罗谈话很轻松，还告诉他自己无法激励自己的问题。尽管保罗专注地听着，共情于她的担忧，但他也会问一些类似于她认为她的问题在哪儿以及她希望从咨询中得到什么的问题。萨拉虽然并不确定应该怎么谈论自己，但是她都尽力地回答了。她只是想要别人帮她找到改变生活的方式，尽管她并不确定她究竟想要什么改变，事实上她根本不知道她究竟想要怎样的人生。她为自己人生如此艰难而愤愤不平。

在第一次面询中，保罗发现萨拉非常健谈，但还带有冷漠和内向的色彩。她用一种客观、几乎事不关己的态度来谈论自己的感情。保罗不确定这是否可以说明她存在不一致，因此努力辨别她会在多大程度上否认深度情感体验。他对萨拉的过去也存在些许的质疑。尽管她暗示自父母分居之后自己就困难重重，但是她对于那时的事情的印象非常模糊，认为那是"过去"的事情，是她已经"处理"好的事情。而且保罗还注意到，当提到她的妈妈时，萨拉就会很紧张，他觉得这应该是一个值得注意的事情。

在前几次面询中，保罗和萨拉已经对彼此都有所了解。保罗花了大量的时间倾听萨拉谈论自己的处境以及由于无法激励自己而带来的挫折。他非常注重和萨拉交流自己的共情和无条件积极关注，因为随着面询一点点地取得进展，萨拉似乎有所放松，对她的感受有了更深刻的回应。对于萨拉来说，她非常困惑于自己是谁以及人生的意义。她很难描述清楚自己的这种困惑，对此也只是有一个模糊的概念，因为这已经麻痹了她。而保罗认为，萨拉无法描述隐含意义，是因为机体体验处在有意意识的"边缘"。他想知道是否可以使用聚焦的方法来对此进行探索。他试探性地对萨拉描述了聚焦的过程，问她是否能接受这个方法。萨拉认为这是一个不错的主意，她非常相信保罗，也相信他的提议。但保罗仍是小心翼翼竭力避免"迫使"萨拉同意，因为这毕竟是她自己的选择。

聚焦

在下一次面询一开始保罗就和萨拉谈论了聚焦的过程，以确保萨拉乐于接受接下来要做的事情。随后他让萨拉放松地坐着，并且"腾出一块地方"，以便她更好地意识到自己身体的感受。之后萨拉感受到了一些事情，但最清晰的仍然是她那想要解决的困惑。保罗便鼓励她尽可能逼真地去感受这种感觉，努力找到最能代表这种感觉的一句话或影像（它的把手）。萨拉也确实用了非常生动的话语去描述这种感觉，即像一块冰冷的岩石压在她的胸口，使她无法呼吸。然后保罗继续鼓励她努力保持几分钟这种"冰冷岩石"的感觉，并就此询问了她一些问题。他试图把萨拉回应的语言如实地反映出来，确保他对萨拉的描述仍然保持着共情和客观性。而事实上，他也确实如实地反映了萨拉的字字句句。

当他们更加聚精会神时，萨拉感到她的困惑变得更为强烈，冰冷的岩石似乎变成了刺骨的冰柱。她感到身体僵硬，仿佛身处险境。她说了这样一个词语——"危险"，然后感到身体进一步绷紧了。保罗重复了"危险"这个词，还注意到她身体姿势的变化。过了一会儿后，他问萨拉是否还能够继续。萨拉睁开了眼睛，感觉自己真的无法再继续下去了。她对自己的这种体验非常震惊，油然而生一种恐惧感。保罗温和地鼓励萨拉"愉快地接受"她所学到的东西——这是她自己很重要的一部分，在以后的面询中可能还会遇到。

之后的面询保罗和萨拉仍继续使用聚焦。随着治疗的持续进行，萨拉也体验了大量的"转变"。她渐渐地把"冰冷的岩石"和对允许她快乐的恐惧感联系在一起。因此说，是她的困惑阻碍了她去做任何能让自己快乐的事情。正如她对保罗说的："我真的是太害怕受到伤害了，所以哪怕是尝试一下，我也不敢。"这种转变对萨拉来说意义非凡，她也控制不住地流下了泪水。而回忆起过去时她更是忍不住抽噎了。保罗自己设身处地地理解了萨拉的痛苦，他说："你感到非常寒冷，仿佛你就深深地陷在石头下。"这是保罗深度共情的最好说明。萨拉点点头，感觉又有点动摇和不安，记住了这段让她重获愉快的时日。

专栏 4.1　绘制改变过程之图

在阅读这些案例研究时，你认为罗杰斯（Rogers, 1967）关于心理改变过程的观点在多大程度上是有所帮助的？图多尔和莫瑞（Tudor and Merry, 2002）认为罗杰斯的变化七阶段有如下主题特征：

- 感觉日益明确，承认和接受；
- 内部沟通的水平不断提高，如对内部体验的意识；
- 认知结构的变化轨迹是从固有的观点和认知到轻松流畅的思维方式；
- 问题不断被认可、承认和认真负责地处理；
- 与其他相关方式的关系变得越来越密切。

你能看出这两位当事人在这些阶段是如何改变的吗？你认为鲍勃与萨拉在咨询中经历了罗杰斯所描述的哪些阶段？

（继续）

在接下来几个星期的面询中萨拉发现自己非常情绪化。她甚至为一件很小的事情就突然大哭起来，还花很多的时间幻想，回忆她的过去，回忆当她还是个小女孩时与父母在一起的美好时光，回忆自己与朋友在一起的那段简单快乐的日子。她喜欢回望过去，但一想到所有的事情已经一去不复返，内心就充满了悲伤。她感到非常抑郁和困惑。

识别的过程

他们的第19次面询，保罗注意到了萨拉的改变。她不但迟到了，而且对谈论自己的感觉总是焦虑不安。虽然不希望把小事变大，但是保罗注意到他也有同样的焦虑，他决定和萨拉好好谈谈。

尽管萨拉觉得很不好意思，但她还是告诉保罗她希望终止他们的咨询工作。尽管他们的工作已经小有起色，但她还是感觉没有任何改善，还是担忧情况会日益糟糕。

保罗很理解萨拉的担心。"所以你觉得受挫，对成功缺乏信心，担心我们会把事情变得更糟糕。"

萨拉点点头："我只是厌倦了这种无法掌控的生活，而我自己现在比开始的时候还要糟糕。"

"你似乎很气愤。"

"是的，我彻底地气愤了。"

"彻底地气愤了？"

"是的，令人恶心地气愤。"

第4章 促进改变的过程:行践中的人为中心心理咨询

"令人恶心地气愤?"

"只要谈论甚至是想到它时我就觉得恶心。我想要让它停止。"

"你仅仅想让这种气愤消失。"

"是的,我想让它消失。"

保罗等候片刻。

"不再见我就能让你不再气愤了吗?"

"是的。"

萨拉盯着保罗,紧握拳头,胸口紧紧地绷着。她并不是不想再见他,但是又找不到其他的解决办法。保罗也回望着她,竭力向萨拉传达他能理解她的挣扎,也很关心她。他决定自己先打破沉默,试探性地明确这就是萨拉一直以来一次又一次的体验。

"你已经意识到了那种气愤,萨拉。只是,我很好奇,是否我们终止面询你就真的不再气愤了呢?"

萨拉跌坐在椅子里,感觉到精疲力竭,内心苦楚。她很清楚她的气愤并不在于和保罗的面询。她气愤的真正原因是她害怕保罗有一天会放弃她。

保罗和萨拉花了很长时间来讨论她想放弃咨询的想法。这至关重要,因为这似乎和她的生活产生了极大的共鸣。在谈论的过程中,萨拉意识到她对保罗生气的原因在于她害怕保罗会厌倦自己。事实上,她害怕保罗会先放弃她,停止他们之间的咨询,她害怕这会让自己难过,所以她决定在这一切还没发生前自己先提出离开。这是萨拉处理问题的一般方式,当她无力避免失去重要意义之物时,她只会责怪他人。她知道自己停止和保罗见面并不能解决任何事情,就像当初离开阿姨并没有让情况改善一样。她只得再一次把恐惧的矛头指向自己和自己的安宁。她仍旧需要保罗的理解与关心，而保罗也确信自己对萨拉的关心是无条件的。他没打算停止他们的治疗工作或者拒绝她。他只想弄明白她的感觉究竟有多糟糕，然后再找到帮助她的方式。之后他提议，二人再仔细探讨一下萨拉每次都想要放弃对自己有重要意义的东西这件事，并仔细探讨是不是还有其他的处理方式。

在之后的面询中，他们探讨了萨拉在沉浸于某事时的感觉模式和行为模式。她说她讨厌对自己"负责"，她总是感觉自己还没有"长大"。她感觉自己仍然像个孩子，只会静静地等待糟糕的事情发生。在这些面询中，萨拉还谈了很多关于她父母的事，认为他们剥夺了她的幸福童年，认为这太不公平。她责怪他们不但遗弃了她，还让她甚是低落。但在谈及自己的感受时，她却觉得自己已经"麻木"了。她不知道该怎么着手让自己的人生变得有意义。

对过去的应对方式——两椅谈话法

尽管保罗花了大量的时间去移情于萨拉对过去那种麻木的感觉，但是他仅能确认萨拉被困在自己的成长过程中，一个"挫折"便阻止了她之后的"成长"。而且和父母的关系对萨拉来说应当是非常重要的，所以保罗提议让萨拉与父母来一场对话，以验证这是否有助于她更好地处理她对父母的感觉。但萨拉对这个建议感到很不安，担心着手于过去的感情会让她痛苦万分。最后她还是接受了这个建议，她觉得保罗是对的，她确实需要去应对自己的过去。

保罗的尝试性建议是使用两椅策略，让萨拉想象她的母亲或者父亲就坐在另一把椅子上聆听她说话。然后她再移到那把椅子上，对"自己"说话，试着以他们的角度来解释当时的事情究竟是怎样的，为什么会那样做。

萨拉首先是和父亲对话，告诉他他的离开对她的意义，并责怪他当时没有留下来。当她做了这些之后，她感觉好了许多，然后开始想象他就坐在对面听着她说话。

"你让我厌恶，胆小鬼，"她对父亲说，"因为你觉得厌烦，你就离开了这个烂摊子，离开了我，但是我当时只有9岁啊。"保罗鼓励她尽可能坦白地说出来，帮助她如实地表达自己的感觉。当萨拉表示自己已经说得足够多了，保罗就建议她转换角色，试着站在父亲的角度来回答刚才的问题。起初萨拉不知道该怎么说，但是保罗一直温和地鼓励她坚持下去，然后她逐渐地说道："丢下你我也感到非常痛苦，我真的没有勇气和你待在一起。我也恨我自己离开了你，但我实在没办法和你母亲再在一起，而且你当时还太小，我没法让你跟着我。我知道我错了，但我一直都很想你。"

萨拉还在继续，在椅子之间来回移动，以便继续开展这种对话。随着对话的持续，她逐渐意识到自己并不仅仅是生气，还有恐惧、悲伤，甚至是同情。在接下来的几个星期里，她都继续使用这种两椅法，不停地与她父母对话，还与其他人对话。这是一个发泄的过程，她发现自己在每次面询结束后都筋疲力尽。但是，随着时间的推移，她感觉自己正在一点点地取得进步。她与保罗的实践慢慢呈现出新的轮廓，包括偶尔才用的两椅法、聚焦，以及对她感觉的全面探讨。

咨询结束

大约是第15个月时，萨拉开始考虑是否该结束咨询了。就在不久前的一次面询中，她发现"冰冷的岩石"不再那么坚硬，似乎柔和了些许，这个发现让她甚是震惊。她还把这和"天空中温暖轻柔的太阳"联系起来。"天空中温暖轻柔的太阳"第一次是在前几周的面询中使用聚焦时出现的。尽管她现在仍经常觉得恐慌和失落,但是这些体验已不再像之前那样强有力了。此外,萨拉还发现自己对他人的处境能换位思考了,对自己也更为关心了。而保罗也觉得是时候结束他们的咨询了。他认为萨拉已经找准自己的定位,并且规划了未来。事实上她已经申请了一所大学,并且一直忙于自己的艺术作品。她还再次同她的阿姨取得联系,二人都很高兴能重修这段亲缘。

  面询的结束阶段大约花了10周的时间。保罗觉得对于萨拉来说能决定结束治疗的确切时间是很重要的。他希望由萨拉来做出这个决定,而不是他。萨拉也感觉能够控制咨询始末很令人宽慰。对她来说,没有保罗在一旁支持是她人生中的一大要事。最后,她不但用言语表达了自己对保罗的感激,还送了保罗一幅自己的油画以示感激。那幅作品描绘的是一个长长的冬天过后,在冰雪已融化了的茂盛的绿色山谷上空,出现了美丽的朝霞。她说这代表着她看到了人生的希望,她希望保罗也能知道这点。

保罗的反思

  我发现我和萨拉的实践是很有意义的。在这次实践中,必不可少的因素是共情、无条件积极关注和一致。没有这些因素,我想萨拉是不会充分信任理解我的,我也就不能让她以更灵活开放的方式与她及他人联系在一起。在这种关系的背景下,认识到她经常"拒绝"别人是因为害怕受伤这一"过程"是极其重要的。明确这一点,并且就此和萨拉进行探讨(元交流),不但能让她对自己的所作所为有更好的理解,还能进一步让她更好地应对自己的问题。此外,聚焦和两椅策略的使用不但使得萨拉和她的体验更加一致,还成功解决了她过去的情感问题。随着我们实践的深入,萨拉变得日益一致,在咨询实践的后期,她自己也日益轻松。最后她看到了人生的希望,找到了自己的未来。

第 4 章　促进改变的过程：行践中的人为中心心理咨询

本章内容提要

- 1961 年卡尔·罗杰斯发表了一篇题为《心理治疗构想过程》的论文，该文提出当事人在接受心理治疗的过程中会经历七个阶段。这篇文章是建立在他四年前所作的一场报告的基础上的。
- 对于所有体验（一致）来说，这些阶段是从死板和防御（不一致）转变为放松和开放（一致）的过程。
- 在有关鲍勃的案例中，我们探索了琼是如何使用古典的人为中心疗法来促使当事人改变的。
- 鲍勃开始认为工作带给他很大的压力和压迫，后来逐渐认识到这是对自己及未来的恐惧感和愤怒感。
- 经过一段时间的治疗，鲍勃逐渐"承认"了自己的感觉，并且更能清楚地意识到自己的价值条件。他的内部评估源日益强大。
- 在有关萨拉的案例中，我们探讨了保罗是如何使用经验的人为中心疗法来促使当事人改变的。
- 在治疗萨拉时，保罗非常注重使用人为中心疗法的六个必要且充分条件，同时也运用了诸如聚焦、两椅策略和元交流这样的技术。
- 萨拉逐渐能够体验过去那些被她否认和曲解的感觉，并且日益意识到那些阻碍她有所改变的关联方式。

第5章

人为中心疗法和心理咨询的四个范式

简 介

正如我们在前言里讨论的,心理咨询包含许多心理疗法,其中最主要的四种范式是人本主义范式、存在现象学范式、心理动力学范式、认知行为范式,每一种范式都组成了对人类人格、心理不适的原因及种类和所选择疗法的一系列基本假设。

在这一章中我们将讨论人为中心疗法和这四个范式中的每一个范式之间的关系,主要集中在人为中心疗法是如何和其核心假设以及所涉及的治疗理论与实践结合起来的。但这一章仅仅是对这些关系的快速写照,因而注定只能是一种解释归纳,而不是一种综合性的概述。此外，由于篇幅限制，我们不能够对每一个范式都进行深入的探讨，这也意味着无法对这些范式进行详细的分析，而只能提供每一个范式的基本概要信息。尽管这样会让人感觉不尽如人意，但是我们的重点是人为中心疗法而不是心理咨询本身，所以这也是一个不可避免的结果。如果读者希望对这四种范式或者是它们所涉及的治疗方法有一个更综合的了解，建议查阅更多完整的文献描述，例如伍尔夫以及其他人的研究资料（Woolfe et al., 2003）。而我们这章是尝试在心理咨询的背景下概述人为中心疗法，这对从心理学角度探究人为中心疗法而言是相当重要的。我们首先从人本主义范式开始，探讨它与人为中心疗法的关系。

人本主义范式

人本主义范式首现于美国的19世纪五六十年代，并且由于它与第一势力和第二势力的行为主义和心理动力学观点的哲学理念不同，所以很快被认为是心理界的"第三势力"。人本主义心理学，在很多方面是对第一、第二两种势力的一种回应，既反对弗洛伊德学派强调的破坏性的无意识驱力，也反对行为主义过于简单的基于实验的分析。布根绍尔（巴格特）（Bugenthal，1964）认为，人本主义范式的演变是基于五条基本的假定（或准则）。它们是：

（1）人类，正如人，作为他们部件的总和，既不能被分解为零件，也不能被分解为孤立的元素。

（2）人类生存于独特的人文环境以及宇宙和生态环境之下。

(3) 人类是能够觉察的，并且他们清楚他们能够觉察——他们是有意识的。人的意识经常包括在与他人的交往中对自己的觉察。

(4) 人类具有选择权，因此也肩负着责任。

(5) 人类是有意识、有目的的。他们很清楚自己能创造未来并寻求人生意义、价值和创造力。

尽管每一个假设都强调了人本主义的一个特定方面，但它们也暗示出了一种包括少量核心主题的潜在哲学理念。例如，人类超过他们的部分之和（即不能被分解为零件）的论点就反映了整体论的主题思想，这一观点强调了把人类视为具有独特性，且由一系列复杂的生活系统而不是由可以进行科学评估的少量心理维度（或"变量"）组成的重要性（Warmoth, 1998）。从整体论的观点来看，人应该是拥有履历、个人价值观念和创造力的负责个体，而不是科学研究中易于控制的心理"对象"（Seeman, 2001）。

第二个潜在主题是选择。个人被看作在生活中具有主动性和建设性的因子，且相信他们能满足自己的独特需求和欲望。而伴随选择而来的就是个人责任感。正如凯恩（Cain, 2001: 4-5）所提出的那样，人本主义范式假设：

> 人们具有自我意识且随心所欲地选择生活方式，并对他们所做的选择承担责任。尽管种种因素使得人们很难做出选择甚至让选择带有些许冒险的色彩，但是大多数情况下他们都还是有能力做出选择的。人本主义治疗师一般都竭力强化当事人自己主导自己生活的信念。

人本主义范式的第三个主题是认识人类的潜力。人本主义范式倡导乐观主义，认为无论是否可行，人们都在努力追求自我价值和意义。这一主题可以从"实现"的概念中得以反映，"实现"是指人类生来就有一种朝向建设性成长和改变的动机（Maslow，1954）。尽管基于不同范式的不同心理理念对这一动机的看法各异，但它确实反映了对人性的积极乐观的看法。

与人为中心疗法的关系

概念与哲学理念

在考察人本主义范式的基本范围时，可以非常清楚地发现，它的核心主题和人为中心疗法的哲学立场十分吻合（McLeod，2003a）。实际上，卡尔·罗杰斯为人本主义范式的发展做出了卓越的贡献，他被普遍认为是人本主义的创始人之一（Cain，2001）。因此，人为中心疗法的许多方面都反映了人本主义的思想。其中一个例子就是强调选择所起的作用和内部评估源的推动作用。另一个例子就是非常关注潜能而不是缺陷（Patterson，2000），常把个体视为努力朝向积极方向成长，从而出现了生物学用语"实现倾向"（Rogers，1951），它和马斯洛（Maslow，1954）提出的个体"自我实现"的概念非常相似，但并不是完全相同的。

治疗方法

尽管人为中心疗法就其概念和哲学理念而言处于人本主义范式的中心，但古典的人为中心疗法可能稍微不同于其他主要的人本主义疗法（Wilkins，2003）。与人本主义疗法如格式塔疗法（Perls et al.，1951）、相互作用分析法（Berne，1968）和心理合成法（Assagioli，1965）一样，古典的人为中心疗法所倡导的主题也是自主、成长和人类潜能。但是它却是通过强调治疗关系来凸显这些主题的，还认为治疗关系是促使当事人心理改变的必要且充分条件（Rogers，1957）。因此它完全相信当事人在治疗关系中的实现倾向，并认为治疗师不需要对当事人提供更深层次的技巧和信息。这与其他人本主义疗法所采取的方法截然不同，正如米恩斯和桑恩（Mearns and Thorne, 2000：27）所认为的一样：

> 尽管这种方法一直被定位为一种人本主义疗法，但其实它与其他人本主义疗法的共同点几乎为零。人为中心疗法（PCT）的关键特征并不是它的人本取向，而是它摈弃了治疗师的神秘感和强势行为。在这一点上，许多人本主义疗法和精神分析一样不同于PCT。

而其他"人本主义"疗法则提倡一种更为神秘和强负荷的立场，依靠大量技巧或策略来促进当事人心理改变，而不相信仅仅依靠当事人自己的资源（如实现倾向）便能促进建设性成长。这些技巧和策略被视为是带有神秘和"强势"色彩的行为，因为它们把治疗师看作专家，认为他们的观念和思想要比当事人自己的体验和认知更为有力地促进当事人改变。因此，当事人被看作是治疗师干预的承受者，而从古典的人为中心视角来看，这一过程降低了当事人在治疗关系中体验自由和自主的能力。另外，当事人在治疗师的目标和意向中并不是必不可少的一方，这进一步降低了当事人在治疗过程中的作用（Natiello，1990）。

基于这种立场的一种人本主义疗法就是格式塔疗法（Parlett and Hemming，2002）。如人为中心疗法一样，格式塔疗法也认为自我意识是促进心理成长的关键，而且在强调罗杰斯（Rogers，1951：4）所描述的"重点关注个人的整体性及个人现象的内在关联性"上，人为中心理论和格式塔心理学也有很多相似性（也巩固了格式塔的理论及实践）。然而，不同于古典的人为中心疗法，格式塔疗法是通过积极地促进当事人的体验来推动其改变的，为此，它使用了大量技巧，旨在鼓励当事人体验他还没有意识到的方方面面，例如把他的注意力吸引到看起来很矛盾的非言语行为上，如紧握拳头（Parlett and Hemming, 2002）。这种工作方式需要由治疗师来决定当事人的体验，明确当事人的行为，然后再使用一系列试验技巧（例如鼓励他去想象握紧拳头将要做什么）来进一步深化当事人目前的体验。

此外，格式塔疗法与古典的人为中心疗法的另一个分歧在于，格式塔治疗师并不试图对当事人提供无条件积极关注（O'Leary, 1997），也不移情于当事人的参照系。相反，它认为（温和的）质问和试验是帮助当事人更好地认识自己和实现自我支撑所必不可少的。因此，从治疗关系的本质而言，格式塔疗法并不同于古典的人为中心疗法，格式塔治疗师认为，虽然一种强有力的支持性的共情的关系对引起当事人的心理改变意义重大，但单就其本身而言它并不能实现（Yontef, 1998）。

虽然这样的人本主义疗法与古典的人为中心实践几乎毫无共同之处，但它们和人为中心疗法一样都使用"经验的"方法。事实上，由格林伯格及其同事（Greenberg et al., 1993）提出来的"过程—经验"的方法，在本质上来说就是古典的人为中心疗法和格式塔疗法的混合物（Baker, 2004），即使人为中心疗法对共情和无条件积极关注的强调要远甚于对传统格式塔风格的探索及试验的强调。因此，尽管古典的人为中心疗法和其他主要的人本主义疗法大为不同，但经验的人为中心疗法却与此有很多的共同点，从而在治疗方向上更倾向于"人本主义"。

> **专栏 5.1　人为中心疗法及其影响**
>
> 　　人为中心疗法，尤其是古典的人为中心疗法，之所以不同于其他人本主义疗法，其中一个重要方面，就在于它强调与当事人之间的关系是促进当事人改变的必要且充分条件（Rogers，1957），因此比起许多其他治疗观点——人本主义或其他方法——更为突出力量的共享（由当事人而不是由治疗师来决定治疗的重点和内容），而且避免过多使用技巧和议程，以便回避专家的治疗立场，从而将古典的人为中心疗法与几乎所有其他治疗方法以及心理咨询中的范式区别开来（Natiello，2001）。

存在现象学范式

　　对心理咨询范式与人为中心疗法的关系，我们应加以考虑的第二个范式是存在现象学范式。这一范式与人本主义心理学之间的主要区别产生了一种虚假二分法。存在主义哲学对双方的重大影响，使得它们之间有大量概念上的重叠（Yalom，1980；Embleton-Tudor et al.，2004）。

　　存在主义哲学是在19世纪和20世纪出现于欧洲的一种哲学传统（Van Deurzen，2002）。它主要从挑战、机遇和困境这三方面来对人类进行描述，并就人类"存在"的一些基本方面进行了描绘（Van Deurzen，2002）。其强调点是以下几个方面（Cooper，2004）：

　　（1）存在即唯一——我们都是独一无二的人，因此不能"概化"为一般的心理机制或属性。

(2) 存在是一个过程，而不是一件完事——我们一生都在创造与被创造，因此我们的存在不是固定的，而是流动的。

(3) 存在即自由选择——对一切，我们都无可避免地享有自由选择权（在我们所遇到的实际限制的背景下）。

(4) 存在即未来和意义——我们都在为未来而努力，而不是仅仅活在"当下"，我们要创造有意义的人生，而不是无意义的人生。

(5) 存在即限制——在生存中我们会遇到很多基本限制（通常称为"给定"），例如死亡。

(6) 存在即在世界上——我们与周围的物质世界必然有联结，而不是作为单独或"独立"的个体，以某种方式和我们生存的环境分离开。

(7) 存在即和他人一起——我们的存在不可避免地要与他人及周围的社会融为一体。

(8) 存在即具体化——我们的具体化就是存在，因此世界上的存在都有心理和情绪特点。

(9) 存在的悲剧——正是存在的本质造成了悲剧的必然性，例如身体和情感的创伤、无望和绝望。

(10) 真实性和可靠性之间的选择——存在就是痛苦，我们都面临这样一种选择：是正视痛苦并接受现实生活（生活真实）还是假装它们不存在去否认它们（生活不真实）？

上述许多方面，因为对人本主义心理学都有不可小觑的影响，因此读起来并不陌生，例如那些强调人类独特性和选择的方面。但是，其他强调人类存在的限制、挑战及悲剧的方面，同样也是存在现象学范式的重要特征。而这十点是从存在"现实"（如死亡的必然性）这一共同点入手，并就每一点是如何"诠释"每时每刻的存在意义进行探讨的（Spinelli，2003）。后者来源于现象学的传统，并发展为"询问"（早期一种重要的研究方法）式方法。该方法在 20 世纪初由哲学家胡塞尔（Husserl，1977）提出，是早期存在主义哲学理论中的重要组成因素。

现象学认为人类通过赋予事件和体验（比如现象）以内涵来让它们有意义。不像自然科学（和经验心理学）客观地解释事件，现象学只关注我们诠释事情时的独特性主观意义，并通过隐喻性地"不考虑"（Spinelli，1989）所有先前假设的方法，去如实无偏地反映人们是如何理解现象的意义的。因此，现象学的存在重心在于探索"生活体验所表现出的人类传统"（Spinelli，2003：180），而且它只描述生活体验所揭示的意义，并不对此进行解释。事实上，现象学的这种观点质疑的是能否对每一个"客观的"现实都进行测量并给出解释，强调同一事件对不同的人来说具有不同的意义。而现象学理论及实践的重心也正是这些不同的个人意义和每个人都不得不接受的存在现实之间的关系。

自 20 世纪 50 年代以来，许多方法都把方向转向于把存在现象学的理念应用到治疗领域（c.f. Cooper，2003）。这些方法的共同点是认识到人类存在的两难境地，并且坚信这些两难境地都由遇到的心理障碍表现出来。而存在现象学疗法的目的是：(1) 使人们对存在现实更加诚实；(2) 通过理解他们的生存体验来了解他们自己及人生的意义；(3) 即便人生存在种种限制和约束，也要坚持活出人生的意义（Van Deurzen，2002）。尽管各种各样的治疗方法都用不同方式来制定各自的准则，但它们都认为深度、尊重、有效的方法对当事人任何时刻的主观真实都意义非凡。

与人为中心疗法的关系

概念与哲学理念

人为中心疗法和存在现象学范式存在许多相同的基本概念，比如，都强调个人的"参照系"。在现象学上它是指个人任一时刻的主观知觉（和意义）（Stumm，2005）。而罗杰斯（Rogers，1959）则认为，明确当事人的参照系有助于深刻认识和理解他们的"生存体验"，因此，人为中心疗法对当事人参照系的这种强调与存在现象学希冀探索和尊重个人意义产生了共鸣。

二者之间的另一个重叠领域就是对个人自主和个人选择的强调。培养个人的自由不但是存在现象学的中心，同样也处于人为中心理念的中心，尽管它们都承认诸如个人自主会带来挑战。比如，存在主义哲学家萨特（Sartre，1956），他的工作受到存在现象学范式的广泛影响，他强调自由是所有人类存在的中心，并描述了选择"真实性"生活所带来的苦恼（完全接受生活中的存在困境）。同样，罗杰斯（Rogers，1961）也凸显了个人自主和自我觉察对以"机能完善"方式生存带来的挑战，从而得以觉察到个人每时每刻的体验，无论这体验是好是坏。

除了这些共同点外，存在现象学范式强调人类存在的限制、困境、挑战（Yalom，1980），与人为中心疗法的积极立场及对人类潜能、成长、自主的强调构成了鲜明的对比

(Cain, 2001)。当然，人为中心疗法认为个人仅仅通过"实现倾向"便能促进建设性成长和改变，而许多存在现象学从业者认为自己对此实难苟同。相反，他们更多强调这个世界上的暴力和攻击行为，认为这些行为表明人类天生就具有破坏性和邪恶性，而卡尔·罗杰斯和罗洛·梅就此问题也进行了旷日持久的探讨（见专栏5.2）。与此相关的一个更慎重的观点则更关注人类存在的悲剧色彩。这可以看作是一种悲观主义观点，而不是乐观主义观点，正如库珀（Cooper, 2004）所言：

> 存在主义认为，人生本身注定会带有悲剧色彩，我们渴望让自己的人生更有意义，却发现我们早晚有一天会变成尘埃，然后才意识到人生苦短，却仍有太多必须去拒绝。这样的悲剧色彩，在某种程度上和人为中心的积极立场形成了鲜明的对比，它认为只要我们体验到必要且充分条件，便可以拥有"美好的生活"。

专栏5.2　人为中心疗法能解释邪恶吗？

在关于邪恶问题的讨论中，20世纪一位杰出的存在现象学治疗师——罗洛·梅，就人为中心疗法之于个人的积极看法能否解释人类的破坏性和"邪恶"，与卡尔·罗杰斯进行了一场旷日持久的论战（Rogers, 1961）。罗洛·梅认为（May, 1982, cited in Kirschenbaum and Henderson, 1990b），人类拥有被他称为恶魔的力量，这是一种坚持他们自己及永垂不朽的生物动机。这种力量既能引起建设性驱力，也能导致破坏性驱力。而破坏性的驱动力则被人为中心理念忽略了，它只强调建设性成长和人类潜力。因此，他认为人为中心理论描绘的是一种"引诱的带诱惑色彩的"前景，

> 但某种程度上，也是无知且幼稚的。
>
> 　　卡尔·罗杰斯（Rogers，1982，cited in Kirschenbaum and Henderson，1990b）通过质疑人性不可避免地带有破坏性这一观点对罗洛·梅的谴责作出了回应，他认为，只有少量的证据表明人类天生具有破坏性。相反，他说："如果促进成长的因素都存在，那么实现倾向也会朝向积极的方向发展。对人类来说，这些促进成长的因素并不仅仅是合适的营养物等，还是一系列的心理态度。"（Rogers，1982：253-254）因此，破坏性或邪恶并不是被人为中心排除在外，只是它是在后天充分的教养环境中出现的，并不是天生的。从这一点来说，人类只有在自己的需要在其生长或生活环境中得不到满足时，才会变得具有破坏性。

治疗方法

　　存在现象学的框架下存在着各种各样的治疗观点，每一种都强调心理障碍的一种存在维度。"存在主义分析治疗"（Frankl，1984）认为，遗漏的存在意义是心理障碍的根源，因此在治疗中要创造积极的存在意义（如找到人生的目的）；存在分析（Boss，1979）认为个人对世界的"亲近度"（如从未体验过美好）是心理障碍的原因，从而集中注意力到促使当事人更加"开放"上。

　　存在现象学框架之下的治疗方法，和人为中心疗法最相似的便是"英国学派"的存在现象学治疗（Van Deurzen，2002），而其代表人物便是斯宾内尔（Ernesto Spinelli）。

　　斯宾内尔（Spinelli，1989）高度基于现象学的观点，关注对当事人知觉的理解，他认为这个过程涉及三个方面：首先，治疗师"撤除"自己的观点和假设，专心地聆听当事人的话；其次，治疗师对当事人的话不给予任何说明和解释，仅仅是重复当事人的话；最后，治疗师对当事人的言谈的每一个方面都给予相同或"水平"的关注，而不是特别关注某一方面。这种倾听的方法嵌入高度尊重并完全接受当事人的言谈（他的实情）和斯宾内尔命名的"主体间性"的承诺里（Spinelli，2001）。所谓"主体间性"即人们天生就相互关联，因此他们的言谈及意义对他人来说都是有含义的。对"主体间性"的这一认知体现在治疗上意义便是，鼓励当事人去考虑自己的行为和体验是如何影响自己周围环境的，以及把治疗关系当做一种机制，来探讨当事人在治疗关系中是如何体验和表现的（Spinelli，2001）。正是通过这个过程，探索了当事人的存在意义，并且检验了新的可行性。

明显地，斯宾内尔概述的现象学上的倾听，和古典的人为中心疗法之间有很多的相似之处。比如，现象学上的密切关注当事人的言谈并对此进行"描述"（比如回应）而不是说明或解释，就非常类似于人为中心疗法中所强调的设身处地地倾听和回应。另外，现象学上强调治疗师"撤除"自己的假设并高度尊重当事人的重要性，同人为中心疗法对理解当事人的参照系且不给予评价而给予无条件积极关注的强调（Rogers，1957）相一致。但是，当斯宾内尔提出应给治疗导入一个明确的主体间性的"议程"时，这两种方法便产生了分歧。这种"治疗师掌控"（强调治疗师而不是当事人的作用）的观点，和古典的人为中心疗法认为只要一如既往地相信当事人的实现倾向那么随着当事人一步步的体验就一定能促进成长的观点，形成了鲜明的对比（Bozarth and Brodley，1991）。就鼓励当事人反馈自己在治疗关系中如何体验、如何行动等方面而言，斯宾内尔的研究和经验的人为中心疗法倒是有些许相似之处（Rennie，1998）。但是，即使确实存在相似之处，也不应该过分夸大。因为斯宾内尔的行为现象学治疗对现象学的强调是和古典的人为中心疗法的联系更为密切的，而不是和使用技巧、策略来促使当事人发生改变的经验的人为中心疗法的联系更密切（Greenberg et al.，1996）。

与斯宾内尔（Spinelli，1994、2001）的存在现象学治疗相比，由于其他主要的存在现象学疗法更关注当事人的存在主题和解释，因此和人为中心疗法的共同点也就相当少。比如存在人本主义疗法（Yalom，1980）所强调的，如关于死亡的不可避免性和排除"对立面"（还未被选择的可能性）的主题，就引导着当事人对这些困境以及他们对自己"生存体验"的影响进行审视。且这种审视旨在深化当事人对自己的各种选择的理解，以及对他在这个世界上的"存在"方式的理解。然而，在积极地引入和促进这一关注上，这种疗法又不同于古典的和经验的人为中心疗法，它对治疗工作的内容和重点提供了一个明确的议程，而对治疗关系和条件诸如共情、无条件积极关注对促进改变的作用的关注则很少。

专栏5.3 古典的人为中心疗法可被视为一种现象学的疗法吗？

正如我们了解的，古典的人为中心疗法不同于人本主义疗法（以及其他心理咨询疗法）的原因在于，它主要强调要在满足六个必要且充分条件的治疗关系的情境中理解当事人的参照系（Rogers，1957）。对当事人的意义或"真实"的理解、描述和接受的关注，非常类似于现象学所要求的准则（Husserl，1977）。因此，就这点而论，可以认为，古典的人为中心疗法实际上就是一种现象学疗法，而且正好处于存

> 在主义现象学的范式内。斯宾内尔（Spinelli, 1989）不但支持这一观点，还把古典的人为中心疗法命名为"临床现象学"。因此，尽管人为中心理论无疑有着人本主义的特征，但是古典的人为中心疗法可能更符合现象学的框架（Worsley, 2002）。那么，你认为古典的人为中心疗法和其"人本主义"传统是相对立的吗？

心理动力学范式

到目前为止我们已探索了人为中心疗法和与之最相似的两个咨询心理学范式的关系。现在我们把注意力转移到它与另两个联系不大的范式上来——心理动力学范式和认知行为范式。首先我们先看它与心理动力学理论及实践的关系。

心理动力学范式之下涵盖了一系列多样化的理论及实践观点，但其关注点都在于心理的内部动态（称为心理动力的）及其对体验和行为的影响（Jacobs, 2005）。如此便构成了多种多样的心理动力学方法，比如那些受到荣格（Jung, 1963）、克莱因（Klein, 1957）和弗洛伊德（Freud, 1938）的影响的方法，但是每一种方法只能提供自身的广义概要，而且只包括最为基础的假想理念。然而，即便从如此简化的观点来看，也可以认为心理动力学范式促进了以下主张的发展（based on Thomas, 1996: 286-294）。

（1）人的大部分行为和意识都是由无意识动机决定的——也许心理动力学方法最与众不同的特点，就是它们认为，除非我们揭示了自己的意图、渴望、恐惧和假设（但从来都只是部分揭示），比如被一个训练有素的心理动力学从业者在治疗中揭出，否则它们无法被意识觉察到。

（2）意识和世界的内在看法被系统地曲解以避免情感上的痛苦和焦虑——由内在冲突而产生的巨大精神痛苦，包含在无意识中，常常与我们的渴望、动机、感觉、社会体验的交织作用相关。而各种心理防御机制则保护我们免受这些痛苦，比如，否认社会上不被接纳的感情或渴望（Stevens，1983）。

（3）对世界的内在看法在生活早期便已形成，且在情感上充实了建构——现在越来越强调儿童时期的体验，比如，我们与周围人的关系，我们对社会和自己置于其中的设想。正如托马斯（Thomas，1996：291）认为的："这是关于回应、整体感觉氛围、情感状态、与他人的力量关系（和内部世界）的细节描述，尤其是父母或其他早期的看护人，他们是形成婴儿内部世界和婴儿对精神实在的看法的最重要的环境影响因素。"这种精神实在受到了情绪的高度影响，因为儿童没有成人成熟的概化能力和思维能力，因此无法回应他们的情感体验。所以，在这个年龄阶段，生活完全是情绪化的，而且在这个时期体验到的冲突也受到情绪的强烈控制。这种控制会保持在一个无意识的水平，一直到进入成年期。

（4）个人独特的意义系统、建构、记忆、幻想、无意识的空想及梦想都是心理动力学理论和临床实践的第一手资料——更多的是关注个人意义，而不是非常普通的心理过程和行为。每一个人的内在世界都是独一无二的，而且心理动力学方法的中心也是主观体验，尽管他们也掩饰了自己的无意识防御机制及内在过程。

在如此设想的基础上，心理动力学治疗方法发展了一系列循序渐进的治疗实践步骤，旨在促使当事人觉察到自己的无意识渴望、冲动、感觉及冲突（Burton and Davey, 2003）。让有意意识觉察到这些素材，不但能审视自己的情感和行为影响，反过来还能"有效地"（Lemma, 1997）提供更多的生活选择及生存机能。

与人为中心疗法的关系

概念与哲学理念

人为中心疗法与心理动力学范式在概念与假设上存在着较大的分歧，主要争论之一就是对"人"的看法。心理动力学范式认为，个人被无意识所控制，其中一部分包括"反社会的、自私的、破坏性的和侵略性的——渴望"（Lemma, 1997）。较之而言，人为中心疗法则对人持一种更乐观、更积极的看法，着力强调"实现倾向"所表明的人类建设性、亲社会的本性。尽管二者存在着差异，但它们都是从对"人格"发展的生物和环境作用的相同理解而衍生出的。另外，虽然心理动力学范式极大地渲染了生物驱力的重要性，但其创始之父西格蒙德·弗洛伊德认为，生物学上的本能（本我）与环境因素相互结合，比如，与照料者的关系（超我）所形成的成人"性格结构"或"自我"（Zeigler, 2002），促使产生一种类似于人为中心理论所提出的相互作用，即生物机体（和实现倾向）与社会习得的价值条件（Rogers, 1951）相结合，从而产生了"自我概念"。

　　心理动力学范式和人为中心疗法的另一个共同基础，是对人类体验的无意识范围的共同假设（Wheeler and McLeod, 1995），之后人为中心疗法把这个假设嵌入自我和机体之间不一致的概念中（Ellingham, 1999），并认为这种析取极有可能产生高度焦虑。而心理动力学范式对此的理解也如出一辙，认为这种析取在心理防御的过程中被有意觉察掩盖了（Owen, 1999）。

　　人为中心疗法认为心理防御有两种机制：否认和曲解。二者都是为了在机体体验到矛盾时所产生的焦虑和威胁中保持"自我"。与之相对照，心理动力学范式已确定约有 42 种机制（Burton and Davey, 2003），并把这些机制按层次等级排列，分别与随之出现的儿童发展阶段相对应（Perry, 1993）。

　　就防御方式是否和自身发展相对应来说（如婴儿这一阶段的体验及与之对应的防御方式），成人的不同防御方式（比如，抑制、投射和拒绝）或多或少被认为是"成熟的"。最低成熟度的防御形式（比如，与儿童发展的最早期阶段联系在一起的防御形式）也是最有问题的，因此，与严重心理健康问题的联系也最为密切，比如精神错乱（Burton and Davey, 2003）。事实上，心理动力学范式有多种类型的防御，可让当事人依此去"诊断"自己的心理困扰类型，同时这个过程还证实由医生（精神病学家）确诊的心理疾病的许多种类支持了从业者的治疗工作。比如，一个人被认为患有"自恋"的人格障碍，其诊断结果是基于心理动力学认为，这种人格障碍的表现是，过于依赖心理防御从而产生自我崇拜且降低他人的重要性（Johnson, 1994）。

　　人为中心疗法对心理防御则有非常不同的见解。尽管否认和曲解机制与价值条件的习得一并被认为出现在儿童时期，但两者既没有按照层次等级排列，也没有在治疗过程中牵涉到。这也反映出人为中心框架缺少对无意识过程重要性的强调，仅重点关注当事人当下的体验和知觉（Mearns and Thorne, 2000）。从人为中心的视角来看，任何对当事人无意识内容的治疗分析，就特定感觉、动机、冲突而言，都是不相关和不必要的，尽管它是心理动力学范式的重心。事实上，关于心理防御是不是有效发挥人类机能的必要条件，人为中心疗法和心理动力学范式之间存在着显著的分歧。

尽管心理动力学范式认为心理防御是有成效的，因此构成了健康有力的生活（如保护个体不过度焦虑）的一部分，但是人为中心疗法则认为非防御性体验（即逐渐完全一致）既是可行的又是理想的，从而促使罗杰斯（Rogers, 1961）所命名的"美好生活愿景"实现。因此，人为中心理论假定先前被否认或曲解的机体体验可以被意识完全觉察到，而心理动力学范式则假定生命不可避免地具有意义重大且持续的无意识特征。从心理动力学视角来说，心理改变与其说是对原有心理的消除，不如说是对不健康防御机制的适应（即挑战那些功能失调或"不成熟"的方面；Jacobs, 2005）。

治疗方法

就心理疗法的本质和对当事人心理改变的作用而言，心理动力学范式下的治疗方法和人为中心疗法之间存在着很大的分歧。从心理动力学的视角来看，心理改变是意识日益觉察到先前的无意识驱力、动机和防御的产物。通过治疗师对当事人的直接分析输入，我们可以得到这一产物，而治疗师的主要作用是依据无意识过程的激励作用对当事人的行为和体验进行"解释",从而引导当事人有更高程度的意识。

基于对心理障碍发展基础的强调,心理动力学诠释的方向在于把过去和现在联系起来,这突出表现在,如童年体验是如何影响如今成人的人际关系的。因此其治疗重点主要放在雅各布(Jacob,2005)提出的"呈现出的过去"上,这一关注不但使先前的无意识素材(情感、动机和相关形式的心理防御等)转化为自觉意识,而且还使人能注意得到。

人为中心理念则与此相反,其治疗重点截然不同。其重点在于探究当事人此时的知觉和体验,只有当当事人希望探究这些是如何与过去相联系时才会把它们放入议程之内。事实上,理解当事人的童年体验并不一定能引起改变,相反它被认为是深化当下机体感情体验的产物(Davy and Cross,2004)。此外,不同于将治疗看作是依赖治疗师为当事人提供"解释"的过程,人为中心疗法相信当事人在包含鼓励和促进色彩的治疗关系中能够和自己的机体体验相接触。无论是古典的人为中心治疗师还是经验的人为中心治疗师,都不倾向于由自己来诠释"无意识"过程,相反他们都更乐于和当事人协同合作,以让当事人在自身体验中更为一致。虽然为了实现这一过程可以使用一些技巧(这些都在经验的传统之内),但是这些只是要促进和帮助当事人自己作出总结。而诠释则是完全不可接受的,因为它不但逐渐破坏了当事人的自主,还以治疗师的专业知识为重。正如麦克里奥德(McLeod)在惠勒尔和麦克里奥德合著的著作(Wheeler and McLeod,1995:286)中建议的,不是去做一个"专家","作为一名人为中心疗法的心理咨询师,我总是跟随当事人的想法,退半步说,并不是要'弄清楚'问题的答案"。

心理动力学治疗方法和人为中心治疗方法的另一个区别是

对当事人和治疗师之间关系的设想。虽然一些心理动力学观点强调一种共情或亲密的情感关系（Mitchell，2000），但仍然鼓励治疗师基于一种更加独立、不透明的立场来使当事人将过去的某种无意识情感"迁移"到他的治疗师身上。（因此，治疗师要相应尽可能少地披露自己，以免出现混淆。）这个过程，称为"迁移"，心理动力学范式认为它相当重要，因为它是明确当事人在治疗关系中表露的无意识动机和情感的核心技巧。因此，治疗关系的意义也非常重大，因为假定的治疗关系——一种正在进行的定期的和亲密的互动——使得当事人开始无意识地重复过去的模式，并与无意识情感、欲望和动机联系起来（Freeman，1999）。例如，一个当事人惧于其治疗师的评断的原因，可能在于他将对母亲的独裁和斥责的体验"移情"到这种治疗关系中。在意识觉察到这些无意识情感时，治疗师便能帮助当事人成功克服这些无意识情感对当事人生活的影响。

从人为中心视角来看，移情的概念是有问题的，因为它减损了治疗师和当事人真实的成人间的关系的重要性，还通过逐渐破坏当事人此刻的合理情感来"幼儿化"当事人（Rogers，1987）。而把治疗师和当事人的关系视为对过去的重新演绎，则曲解了二者之间的真实动态，因为此时治疗师被看作是"空白屏幕"，而当事人可能会将过去的感情"迁移"，而不是把自己在治疗中的行为和关联方式所引起的真实后果"迁移"（Owen，1999）。但"迁移"极有可能增强治疗师建立咨访关系的能力，因为他可能是从过去而不是从当前的合理反应出发来把当事人的感情定义为移情。与此相反，在人为中心疗法的理论框架内，真正意义重大的是治疗师和当事人之间"真实的"治疗关系。从业者试图使自己在治疗关系中尽可能真诚（或一致），相信并认为当事人是自主参与者且在当前关系中有合理动机、体验和选择（Brodley，1997b）。的确，人为中心从业者处于一种高度个人化、积极温暖和无条件关注的立场——通常被罗杰斯称为"重视"（Rogers，1951），不同于心理动力学治疗实践中超然的、非个人风格的立场。因此，人为中心疗法和心理动力学范式对当事人和治疗师关系的看法是截然不同的，相对于传统的心理动力学范式仅仅认为从业者和"患者"之间存在相互作用，人为中心疗法治疗师致力于和当事人建立合作平等的治疗关系。

专栏 5.4　移情是虚构的吗？

在当今一篇著名的文章中，一位知名的人为中心从业者——约翰·斯克林（Schlien，1984：23）认为："移情是虚构的，是由治疗师首先构想出来，然后再维持下去，以保护自己免受自己行为的影响。"这一主张表达了斯克林的疑虑：移情如何使得心理动力学治疗师在治疗关系中不负责任？如何避免自己的合理感情/行为？当事人如何把自己的合理感情/行为视为对过去的重新演绎？这是一个虚构的"虚构"，因为正如斯克林所主张的，它满足心理动力学从业者不受和当事人的"真实"关系的影响的要求，因为这种关系极可能引发对自己不利的问题。例如，如何处理当事人对从业者的真实厌恶？依照人本主义原则，他提出，真正具有治疗意义的应该是当事人和治疗师之间"真实"的治疗关系。这种治疗关系被隐藏在他所说的"移情神经症"下，当事人过去经历中事物的优先次序是在治疗师头脑中出现的（经过分析解释），而不是直接来自当事人。

当然，也有对斯克林的观点持批评态度的人，其中甚至有人出自人为中心团体。例如，李特尔（Lietaer，1993：35-36）

> 陈述道："是的，约翰，移情是存在的……在当事人为中心疗法中也存在，当事人对治疗师重述他的过去……"但是李特尔接着建议说，这可以用来应对"此时此地"情境下的实际健康关系，而不应把它作为心理动力学疗法中的一种手段，来解释过去的无意识感情。

几乎毫无疑问，人为中心治疗实践与那些主张心理动力学范式的治疗实践有很大的不同，而且很显然它们从根本上就是对立的，因此几乎不具有任何共同点（Geller and Gould, 1996）。但人为中心疗法和心理动力学疗法在治疗理念上还是存在一些相似性的，例如它们在实践中主要都采用谈话的方式，都采用探索的立场试图帮助当事人提高自我意识和理解力，尽管使用不同的方式，但都强调治疗关系的重要性，都需要治疗师有很高水平的自我意识和个人发展（Wheeler and McLeod, 1995：284）。因此，尽管对于治疗应该怎么进行，心理动力学范式和人为中心疗法存在着许多分歧，但二者仍然存在很多交叉领域和有共性的地方，这一点可以通过回顾精神分析心理治疗师奥克·兰托对人为中心治疗理论和实践的重大影响来完美诠释。事实上，在最近分别支持这两种治疗方法的著名传统治疗师之间的对话中（Mearns and Jacobs, 2003），也突出强调成熟的治疗实践对这两种方法都意义非凡，而且这两种治疗方法的治疗过程和风格比常假定的要更为相似。

认知行为范式

就心理咨询范式和人为中心疗法的关系而言，我们应该加以考虑的最后一个范式是认知行为范式。它是心理学领域最广为人知的一种范式，是两种不同的心理学传统的产物，即行为主义心理学（Skinner，1953）和认知心理学（Neisser，1967）。

尽管在认知行为框架内存在各种各样的治疗方法（Scott and Dryden，2003），但最负盛名的两种是合理情绪行为疗法（REBT；Ellis，1994）和认知疗法（现在通常称为认知行为疗法；Beck，1995）。这两种治疗方法都强调引起、维持心理障碍的认知、情感、生理和行为之间的内在关系（Scott and Dryden，2003），同时还突出人们头脑中的不完善和"适应不良"的思维方式。

合理情绪行为疗法认为有两种曲解的思维方式可以引起心理障碍：一是自我干扰，个体以不合理或者不切实际的方式评估自己；二是不适干扰，不合理地期望生命无时无刻不是舒适的，从而阻止当事人有效地发挥自己的功能（Ellis，2004）。治疗的重点在于挑战所有这些"不合理"信念，阻止当事人实现自己的基本目标和与"现实"不符的意图（Dryden，2002）。

贝克（Beck，1967）的认知（行为）疗法的治疗立场与此相似，但强调更广泛的适应不良认知。曲解的思维方式有三种不同的层次，并可按照等级层次排列起来。一是使日常情景有意义的"自动思维"（例如"他不喜欢我"）；二是支持生活下去的一般假设和基础规则（"我必须获得成功来让每一个人都喜欢我"）；三是被看作心理障碍基础的深层次核心信念（例如"我作为一个人是失败的"）。这三种层次的思维方式彼此之间相互联系，"自动思维"由假设/规则以及相应的核心信念产生。

类似于合理情绪行为疗法（REBT），认知（行为）疗法通常（但不仅限于）认为，心理改变是修正或有效管理曲解思维方式及其影响的产物（Moorey，2002）。与此同时，为了确保认知改变得以发生，还会使用一些行为、生理和情感方面的干预措施。这些干预措施包括放松技术和行为矫正技术，比如直面先前害怕的情况（Scott and Dryden，2003）。而在使用认知疗法治疗特定障碍（如强迫症）时优先采取行为干预措施也并非不常见（一种以传统行为主义为基础派生出的观点）。

与人为中心疗法的关系

概念与哲学理念

正如先前的许多理论所期望的，人为中心疗法和认知行为范式在概念和哲学理念上确实差异显著。其中一个显著例子就是它们对心理障碍及引发心理障碍的原因各执己见。

人为中心疗法认为，不一致是所有心理障碍的基础，将机体体验间的紧张视为一个整体，并认为"自我"与机体体验间的不一致，是心理功能障碍的原因（Rogers，1959）。较之而言，认知行为疗法则强调认知在心理障碍中起主要作用（Scott and Dryden，2003），并突出功能失调或不适思维模式在引起情绪、生理和行为问题上的作用。由于这些模式可以通过获得更有效的思维技能而得到改正（Person，1989），因此认知行为疗法认为当事人的角色是学习者（Clarkson，1996），并视改变为当事人被教授以更少的功能失调方式和更多的现实方式去思考（和行为）的产物。而人为中心观点则认为，当事人已经拥有能建设性成长的内部资源（即实现倾向），因而他在促进性环境中既心甘情愿又确实能够发生改变。

这样的环境被古典的人为中心疗法视为罗杰斯（Rogers，1957）详述的六种必要且充分条件。然而，尽管认知行为疗法赞同人为中心疗法，也认为共情、无条件积极关注、一致性这些条件非常重要，但它并不认为这能充分使当事人发生改变，如吉尔伯特（Gilbert，1992：13）提到的：

> 认知行为咨询师对于仅仅利用他们的准确共情、无条件积极关注和一致性这些品质就足以使当事人改变表示怀疑。他们认为教导个人如何思考事情、如何定义事情、如何应对自我失望才是改变的关键。但是认知行为咨询师十分相信，这些品质绝对是一个有效咨访关系的必要成分。

人为中心疗法和认知行为疗法在概念上的另一个区别在于对心理障碍的见解不同（Zeigler，2002）。如果从曲解的思维方式的角度来理解心理障碍，就极有可能把具体的、可识别的心理障碍和特定的思维模式联系在一起，从而采用诊断技术和预先确定的干预措施去减轻障碍程度。因此，认知行为疗法是"把障碍具体化"（Palmer and Dryden，1995），因为它对不同的心理障碍进行区分，并根据特定认知和/或行为来"定位"障碍类型。近年来，这种工作方式越来越多地"陷入"医疗实践中去了，并根据诊断出的特定心理"不适"和症状来确定特定（结构化）治疗方式，例如聚焦就适合处理由焦虑引起的觉察"威胁"，应对由不切实际（认知）评估引起的心理障碍（Padesky and Greenberger，1995）。这样的方法与人为中心疗法有天壤之别，人为中心疗法强调的是当事人的自主和自我指导，尽管经验的人为中心疗法会明辨当事人的特定"过程"。这一点将会在第 6 章进行探讨（Warner, 2000）。

> **专栏 5.5　心理障碍：医学化方法和人为中心疗法的不同看法**
>
> 相对于我们之前所探讨的基于不同范式的不同治疗方法，人为中心疗法在应对心理障碍时，既不采取医学化的应对方式，也不给予任何解释（Joseph and Worsley, 2005）。医学化方法认为可以根据对心理障碍的医学分类来对此进行确诊，并采用具体的干扰措施有针对性地进行治疗以缓解症状。心理动力学范式的治疗方法中对特定心理防御的确认就符合医学化方法的理念，因为这个过程解释了心理不适的主要原因和作用（以及心理动力学治疗的疗效），从而支持了对心理不适的分类。认知行为疗法的治疗立场与之也极为相似，尽管它是采用认知行为疗法（CBT）来减轻症状并提高应对特定心理障碍的功能性。而人为中心疗法则与之都不相同，它并不从医学的角度来看待当事人，不认为只要确诊了当事人的"障碍"就能对此进行"治疗"。相反，人为中心疗法是把与当事人有关的方方面面看作一个整体，相信只要提供合适的条件（比如一个有效的治疗关系），当事人依靠自己的资源便能获得健康的心理，否则便使用经验的人为中心疗法中的技巧。

尽管人为中心疗法和认知行为疗法存在着分歧，但二者在一些概念上也存在着一致性，它们都强调当事人有能力变得更加"灵活自信并发展……潜力"（Mearns and Thorne, 2000: 34）。人为中心疗法和认知行为疗法都从当事人可能怎么样（比如能够更现实地思考，能够变得"一致"）的角度来看待个体，因此治疗立场都是乐观而积极的。另外，这两种方法还有共同的现象基础,在强调个人意义在心理障碍中的作用时,认知行为疗法和人为中心疗法都强调个体的知觉,因此关注的都是如今事件对个人的独特意义,而非与过去的联系,但心理动力学疗法在这点上则是不同的(Zimring,1974)。

近来的研究找到了认知行为疗法和人为中心疗法的更多相似之处。比如,在认知行为疗法的基础上发展了一种"全神贯注"的方法(Teasdale,1999),这种方法受到了佛教的启发,强调对思维(和感觉)模式的持续意识(和接受)。它与罗杰斯(Rogers,1961)提出的"过程概念"以及他将自我模型看作是一种持续"流动"的体验有很多相似之处。而且它还和从佛教角度对人为中心方法的探索有许多相似之处(Moore,2004)。另外,这两种方法都越来越意识到认知行为治疗领域对咨访关系的看法的重要性(Giovalolias,2004)。

治疗方法

认知行为疗法之下有一整套的技术,旨在教授当事人认知行为的理念(例如思想和感情之间的连接)及方法(例如如何挑战"思想"或使用呼吸技巧以克服恐慌)。其实现方式是通过追根究底的提问(如:"如果你处境尴尬,满脸通红,你认为接下来会发生什么?")来引出处于心理困扰根源的思维模型,并对此步步细述,从而找出存在问题的认知成分,以"达到目标"(例如:"如果你的老板看见你满脸通红,她会因为什么证据觉得你不够强大而解雇你?")。尽管从业者对如何平衡面询中的教授和提问活动都是各有妙招,但是他们通常都会介绍治疗的信息、解释和想法,从而在当事人面前保持自己"专业"咨询师的地位。

> **专栏 5.6　人为中心疗法可以和其他范式的治疗方法相结合吗?**
>
> 　　尽管有许多方法都试图把人为中心疗法和其他范式的治疗方法结合在一起（Egan, 1998），但是这些方法通常都是采取所谓的技术折中立场（Norcross and Newman, 1992），即利用不同的技术来满足自己不同的目的。例如，在采用各式各样的认知行为技术的同时还借鉴人为中心疗法（如提供"核心"条件等），以建立一个有效的实践结合。然而，这一立场来自格兰特（Grant, 1990）命名的工具性的非指导原则，它把人为中心下的治疗关系看作一种可用于支持改变的技术（或手段），就像其他方法一样。如果把人为中心疗法看作是治疗师所持有的一系列态度（Rogers, 1957），那么就不能把这些态度制定的关系视为一项技术，而应将此视为对当事人特定"存在方式"的一个道德保证。在古典的人为中心疗法中，这作为一个原则性问题，是非指导性的（治疗师并没准备好使用专家的身份来指导当事人朝向特定观点或技巧发展）。因此，把人为中心疗法和认知行为疗法相结合是不可能的。而且就治疗师的行为和改变的过程来说，这些观点在根本上也是完全相异的（Hollanders, 2000）。但很显然，如果经验的人为中心疗法被推崇，那么这种技术折中立场就会受到威胁，因为经验的人为中心疗法本身就是借鉴治疗师所提供的方法和技术来促进当事人的改变的。
>
> 　　正如我们所看到的那样，一直以来在人为中心框架下的"经验的"观点的发展都备受争议，因为它更适合与人本主义范式下的治疗方法（如格式塔疗法）相结合。但是，在人

为中心方法内的所有基本原则构想中（Schmid，2003），需要对一点进行承诺，即不介绍治疗工作的内容，以尽可能地避免在当事人的体验上采取"专家"立场。这和基于存在范式（例如介绍"存在"的担忧）、心理动力学范式（例如通过"诠释"）和认知行为范式（例如通过"教授"当事人认知行为的理念和方法）的治疗方法全然不同。所以，通常说来，人为中心疗法和其他范式的治疗方法的结合为人为中心的从业者带来了一些严重的哲学及实践困境。

尽管结合这一理念引起了许多哲学和实际困难，但近年来理论工作的突出成绩延伸至人为中心疗法和其他范式的疗法结合的范围，也许能够构想出其他的方法，使结合得以实现。例如格根（Gergen，1991）认为，从社会建构的角度来看，任何一个范式或治疗方法都不可能为别的方法提供道德上的"真理"。因此，他认为，多样性的工作方式是具有发展空间的，这通常被称为多元主义，同时还可能出现一种基于更广泛的结合的新视角（Samuels，1997）。此外，这一举措还需要一个新的人为中心疗法的哲学基础，但是该举措也很可能受到社会建构主义的批评，他们将会批判心理学领域中的设想，那些与人为中心治疗理念及实践直接相关的设想。对人为中心治疗的这些评论，我们将在第 8 章进行探讨。

人为中心疗法的立场则全然不同，它并不让当事人为缓解不适而去学习更为有效的思维技巧。传统的从业者在朝向建立具有促进作用的治疗关系而努力，并认为当事人本身已经拥有引起改变的资源。人为中心治疗师的角色定位既不是指导也不是教授（虽然在经验的人为中心治疗中，治疗师会教授当事人一些相关的技巧),并且他们认为当事人自己最明白事情究竟哪里出了错,怎样才能让事情朝着更好的方向发展。事实上,从人为中心的角度来看,鼓励当事人注意或挑战那些可能是"不适"的认知,就像在心理动力学治疗实践中使用"解释"一样,会"抑制当事人的成长过程"(Bohart,1982:248),逐渐破坏当事人的内在评估源及接触自己机体体验的能力。

除了治疗侧重点的不同之外,人为中心疗法和认知行为疗法更深层次的分歧在于对每次面询的组织形式。认知行为疗法除了强调定位特定障碍或"不适",还特别关注治疗的"功效"(Ellis,2004)。因此,治疗的构想目标是尽可能地把侵入降到最低(就面询次数及规律性而言),从而阻止当事人依赖治疗师(Dryden,2002),并强调让当事人自己学会如何确定并改变错误的思维方式及相关行为。

为了提高治疗的功效,认知行为从业者通常会基于已组织好的方法按步骤循序渐进地进行治疗,而面询则更是要严格地结构化以确保没有把时间浪费在那些和障碍无关的问题上。一个典型的面询结构包括以下几个方面(Blackburn and Davidson,1995):

(1) 回顾当事人目前的状态——首先,给当事人一个机会来述明自上次面询之后所发生的任何改变(这个问题可能意味着需要在治疗过程中对所强调的障碍类型做些修正)。

(2) 记录面询"议程"——面询"议程"应该是先前已经协商和确定好的,它包括明确需要解决的问题和计划要达到的目标。

(3) 回顾家庭作业——通过回顾当事人在之前面询中的表现来检查他是如何完成自己之前所接受的任务的,即那些旨在支持他在面询之外进步的任务。

（4）目标问题——治疗工作的重点是已经确定的具体障碍，采取行动和技巧以识别和突出意欲解决的困难。

（5）协商家庭作业——确定那些有益于当事人在面询中改进的任务，例如明确不切实际的想法，找出迹象并与之对抗，得到更符合实际的结论。

（6）面询信息反馈——回顾已发生的面询，以提升以后工作的质量。

这种方法与人为中心疗法遵循的常规治疗过程有着本质上的差别。人为中心疗法力避让治疗师采取早已结构化的面询，相反，随着面询不断取得进展，让当事人自己决定关注重点。虽然对一些当事人来说，一个没有系统结构的治疗非常具有挑战性而且很让人受挫（Bozarth, 1993），但是治疗师相信当事人一定知道自己哪里受到了伤害（Rogers, 1951），并且有能力判断每次的面询应该关注自己体验的哪些方面。从人为中心的视角来看，治疗的本质在于不能够更不应该在治疗的开端就计划好所有进程，因为在治疗中的任何时候都有可能接触到先前否认或曲解的机体体验，而这极有可能反过来影响后续面询的重心。对于治疗师来说，预先制定一个议程反而会约束当事人展开接触自身体验的能力（例如深化），而且这种约束对治疗过程极为不利（Rennie, 1998）。

对"家庭作业"的理解是认知行为疗法不同于人为中心疗法的另一个维度。家庭作业是认知行为疗法的一个重要方面，其目的在于通过实验来"测试"当事人以前的一些信念是否违背了现实，从而帮助当事人挑战这些信念，例如开展一些练习使用现实思维方式的活动。然而从人为中心视角来看，与当事人在具体的"家庭作业"上达成一致是没有必要的，因为每个人在本质上都是值得信赖的，并且在任何时刻都能决定如何才能最好地实现自己的目标。此外，人为中心疗法还认为是不一致导致了人们的心理障碍，而不是个体的不适思维方式。所以，"家庭作业"对于帮助矫正特定症状是无关紧要的。

本章内容提要

- 人为中心疗法与人本主义范式密不可分，在心理学中被称为"第三势力"。
- 人为中心疗法促进了人本主义核心概念的发展，例如人的潜力、自主和选择。
- 古典的人为中心疗法与其他形式的人本主义疗法差别甚大，因为它主要强调治疗关系和当事人的实现倾向对改变的促进作用。它并不认为治疗师提供的技能和策略是必要的，这一点不同于其他的人本主义疗法，例如格式塔疗法。
- 人为中心疗法受到存在主义哲学理念的强烈影响，和存在现象学范式的相同之处非常多。
- 古典的人为中心疗法曾被称为"临床现象学"，归因于它和现象学观点的相似性。因此，尽管古典的人为中心疗法的基本理论是人本主义，但一些理论家还是将其视为现象学疗法。
- 尽管人为中心疗法和心理动力学范式都认为体验中存在无意识维度，但是二者仍然差别甚大。
- 人为中心疗法和心理动力学疗法的不同之处在于它们对现在以及现在和过去的关联的看法不同。

- 人为中心疗法并不赞成认知行为疗法把错误或不适思维方式当做心理障碍的根源的观点,它认为所有心理问题的根本基础在于不一致。
- 认知行为疗法是高度组织化的,它教授当事人新的思维方式和行为方式,以促使当事人获得健康心理。相比之下,人为中心疗法认为当事人已具备自身成长和改变的资源。

附注

在这里提出很重要的一点,心理动力学范式在治疗立场上存在显著差异,并且更多的"关系"视角越来越强调从业者和当事人之间的积极真实的关系(Stern,1986)。见米切尔(Mitchell,2000)对"关系转换"的回顾。

第6章

人为中心疗法及其对心理健康的当代实践：处理心理障碍

简 介

前一章我们探讨了人为中心疗法和心理咨询中的四个范式的关系。现在，我们将注意力转移到英国心理服务的情况上，以考察人为中心疗法在心理服务领域的地位。尽管现在个人能得到多种多样的心理治疗服务（如志愿机构、慈善机构、私人职业心理咨询师等的服务），但大部分应对心理困扰问题的常见治疗服务却属于心理保健的范畴，例如国家医疗保健服务。在这一章，我们将探讨当代保健领域是如何应对心理困扰的，强调医学上之所以把心理困扰视为需要治疗的心理"不适"的来龙去脉。从人为中心的角度来看，这种医学立场存在着很大的问题，所以这一章我们将对其形成的一些主要原因进行探讨，并且研究人为中心疗法对心理障碍的"医疗化"及其相关"治疗"的反对。此外，我们还将探讨人为中心疗法之于严重心理不适的理论及实践。这也为那些更倾向于医学立场的常见治疗方法提供了一个基本的选择，从而再次指向人为中心框架下的理念。

关于"障碍"的医学模型

尽管关于处理心理障碍的历史漫长而复杂（Bentall，2004），但是直到最近医学才提供了西方如何理解和强调心理障碍的框架（Tudor，1996）。这个医学框架提供了一种关于心理障碍的性质、原因和治疗的典型观点。如桑德斯（Sanders，2006：26）所言，这个观点假定：

> 思考和探讨人类心理障碍最好的方式……是对"疾病"和"健康"（我们更喜欢称之为"不正常"和"正常"）进行思考和探讨……因为心理健康是从医学层面来说的，所以我们需要精神病理学，并对各种症状及相关治疗（诊断）进行系统分类。

从医学角度来看，心理障碍和任何其他的疾病一样，是需要诊断和治疗的疾病（通常被称为"精神病理学"或"心理不适"）。诊断和治疗的过程要依赖于一个基础的分类图式，一个能鉴别存在的心理或精神疾病的种类的图式（Sommerbeck，

2003)。尽管分类图式多种多样，但最为著名的是由美国精神病学会出版的《诊断和统计手册》。这个手册为所有不适及其诊断症状（例如由当事人提供）和征兆（例如从业者观察到的行为）提供一个与时俱进的分类，这是因为没有生物测试能够证实确实存在着非机体心理疾病。随着心理治疗师（专攻精神疾病治疗的医学博士）对心理疾病种类及识别方法的掌握越来越精练和详细，这些心理不适也在随时间而不停地改变着。因此，美国精神病学会在 1951 年出版的《诊断和统计手册 I 》（DSM I）中鉴别出了 106 种心理不适，而在 1994 年版本的《诊断和统计手册 IV》（DSM IV）中已经扩充到了 347 种。1994 年出版的 DSM IV 目前在美国非常有名，它在喜剧《欢乐一家亲》（Frasier）中的重要作用根本无须过多解释和描述（Bentall，2004）。DSM IV 中鉴定的典型心理障碍包括抑郁症、焦虑症、强迫症、边缘型人格障碍和精神病。

诊断手册（如 DSM IV）被广泛用于心理健康领域，以帮助从业者对个体存在的障碍进行诊断。这种诊断通常被视为评估过程的一部分。所谓评估是指精神科医生、心理学家或其他有关人士通过使用各种机制来探究当事人的心理状态，例如使用开放性问题、言语和非言语行为观察、心理测试、特殊症状（如感到压抑）的言语报告等。如生物医学一样，诊断之后就要制订治疗或"护理"计划，来详细说明需要使用哪些干预措施以促进心理健康。由于医学专家认为心理疾病的产生有生物方面的原因（Breggin，1993），因此常见的治疗形式便是药理学家和精神病学家运用各种各样的药物（例如抗抑郁药百忧解）来治疗各种已确诊疾病。但在治疗中也会采用一些心理学上的疗法，不管是把它当做医药的辅助物还是替代品。因此工作于医疗保健领域的心理学家的首要任务就是确定心理治疗的准则。

医学化的心理学

虽然咨询心理学作为一门学科对具体心理障碍的诊断和治疗是很谨慎的（Golsworthy，2004），但是统治临床领域的心理学（临床心理学）一直都强烈赞同医学化方法（Proctor，2005a）。医疗保健领域的临床心理学家，对评估、诊断和治疗有心理困扰的个人起着核心的作用，而且这一点得到了有关变态心理学的研究的认可。拉扎勒斯和科尔曼（Lazarus and Colman，1995：14）对此解释道：

> 变态心理学致力于研究精神、情绪和行为偏差。它是心理学的一门分支，侧重于研究心理不适或精神病理学的分类、原因、诊断预防和治疗……变态心理学从本质上来说重点研究变态行为，并致力于对心理和情绪偏差进行分类，从而更好地理解它们。变态心理学被视为临床实践的背景或指南。

变态心理学为临床心理学的实践研究提供了理论框架，深化了对各种各样心理障碍的理解，促进了应对方式的发展（Sanders，2005）。同时，变态心理学还牵涉到心理动力学范式和认知行为范式，因为这两种范式为它奠定了概念基础和原理基础。然而，目前却是认知行为范式统治着变态心理学和临床心理学（Proctor，2005a），原因是它本质上是一种明确障碍类型、重点关注症状且治疗功效显著的心理实践方式，并且它与当代西方心理学的经验基础有着密切的联系。

> **专栏 6.1 我们究竟应该使用"病人"一词还是"当事人"?**
>
> 对于在医学背景中工作的心理学家来说,他们认为"病人"(patient)一词通常是指接受这种或那种"治疗"的个人。但是,"病人"一词备受争议,因为它本身还有着一系列隐含意义,比如如何看待正在治疗的那个人,对他或她的障碍的诊断和治疗,其本人又能有多大的能力。对于许多人来说,称个体为病人是把人格解体的表现,破坏了个人的整体性,而仅认为个人现在处于患有特定病症或不适的状态(例如焦虑)。此外,它还意味着个人是被动接受治疗的。罗杰斯(Rogers,1942)认为,把正在体验心理障碍或困扰的人称为病人,有悖于它和医学准则及实践的紧密联系。相反,他更倾向于使用"当事人"(client)一词,意指正在接受治疗的个体引导着治疗的进程和性质。此外,相对于形成这种心理治疗的医学理解而言,"当事人"一词也间接表明了咨询师和咨询者在能力和专业知识技能上更为平等的关系。因此,当事人为中心疗法(现称人为中心疗法)是上上之选。

医学化的障碍:人为中心视角

人为中心疗法,尤其是古典的人为中心疗法,是反对把心理困扰医学化的激进分子,拒绝任何医学上的基础术语和过程。这样说绝不是夸张(Bozarth and Motomasa,2005)。对于人为中心从业者来说,他们反对用医学化方法来具体化诊断过程，因为这样会引起相当多的问题。

在诊断一种"不适"（比如说焦虑）时，从业者以单一分类来定义个体正在体验的心理困扰，而不是把当事人视为一个有独特需求、体验和资源的整体，这使个体沦落为分类或诊断类型的代名词，逐渐削弱了个体的自主性和其作为独特个体的地位。另外，它使心理困扰被视为个体的主要身份识别特征。这不仅减损了个体生存体验的整体性，也强调了他的不足（比如他的疾病或者"障碍"）而不是他的才智和潜能。因此，相对于人为中心强调个体得以创造性成长和改变的实现倾向及一致性潜能，诊断性的观点采取的是不足模型而不是潜力模型（Mearns，2004）。因此，精神治疗医师和精神病学家雅罗姆（Yalom，1989：185）写道：

> 我惊诧于人们如此重视诊断，以至它不再仅仅是症状和行为特色的简单集合了……即使是最大度的精神病学术语系统也要强迫他人接受自己的术语？如果我们能让人们相信我们可以对他们进行分类，那么我们就不会识别也不会了解那些超越种类的重要构成。而且这一关系总是认为那些构成是从未被彻底了解的。

除了反对使个体沦落为分类或诊断类型的代名词之外，雅罗姆还提出了一个实践质疑，即精确的诊断结果是否能反映出他人的"不可知"的方面。这一论点表明，心理困扰的许多征兆和症状可能会引发各种各样的困难，因此无法对许多潜在病理进行明确的归类（Boy et al.，1989）。诊断过程本身的内省基础也是造成这一结果的一个原因。许多理论家声称，诊断的种类，比如说DSM Ⅳ提及的那些诊断种类，从统计术语上来说是不可信的，因为它们的信度实在是太低（Bentall，2004）。

除了强调心理学领域中诊断过程的内省本质，人为中心从业者还进一步研究诊断会在多大程度上减损当事人的知觉和体验。因为人为中心疗法同时跨越了人本主义范式和存在现象学范式，所以它会优先考虑当事人自身的意义和参照系，而不是其他外在表现。因而人为中心疗法和医学化的方式差别甚大。医学化方式是由专门的从业者（心理学家、精神病学家等）决定问题出在哪儿（比如，一种特别的障碍），然后再给予相应的治疗。人为中心疗法承认专业治疗师的观点和知识比当事人的观点和认识更能发挥功效，更为重要，但这不但会降低当事人的自主性，还会逐渐削弱当事人内在评估源的发展（Natiello，2001）。

尽管人为中心疗法确实也为心理不适提供诊断（Rogers，1957），比如，所有心理困扰都是由不一致引起的，但它更认为让当事人对自己的体验进行诊断才是最为重要的，正如罗杰斯（Rogers, 1951: 22, 222-223）所言：

> 治疗从基本上来说就是体验到过去意识方式的不准确，体验到全新及更为精确的知觉，并认识到知觉间的关系的重要性。就意义来说，治疗就是诊断，而且这种诊断更是一种过程，一种能让当事人继续体验自己的过程，而不是让临床医生继续发挥才智的过程。

因此，外在获取的分类，与转移当事人认知的注意力是无关的，甚至是危险的（Merry and Brodley, 2002）。

从人为中心视角来看，对诊断的另一大反对理由在于其区别障碍以决定治疗的根本作用。诊断提议要因地制宜，即不同种类的心理困扰需要不同形式的干预。许多情况下，医学上应对心理不适的方法就是使用那些研究已经证明了的能有效应对心理不适的专业药物和心理干预。但是，从人为中心的视角来看，确定心理治疗是没有必要的，因为只有一种方法能引起心理改变，即通过满足罗杰斯（Rogers，1957）提出的六个条件的治疗关系来促使当事人充分发挥自己实现倾向的作用，这一过程在"经验的"人为中心治疗中是通过使用技巧或方法来实现的。由于这种治疗关系的内在构成要素是一样的，和当事人的困扰或不适毫无关系，因此人为中心治疗师认为没有必要对治疗方法进行区别。从这一层面来说，诊断也就没有了实际意义，因为所有的治疗毫无区别，没有了症状，也没有了以问题为中心，剩下的只是以关系为中心（Mearns，2004）。

很显然，如我们在第4章探讨的，建立满足六种条件的治疗关系是非常困难的，事实上是不可能的，因为没有办法满足对心理接触的要求。对那些患有严重心理失调的个体（如那些患有精神病的人）来说，人为中心疗法（事实上是任何一种心理疗法）也是无法满足这一条件的，所以只能由另外一种干预来取代。在人为中心治疗框架中，这种干预被称为前治疗，是一种处理接触减损的个人的方式（Prouty，1994），我们将在下一章探讨。

专栏 6.2　诊断有时能否有帮助？

尽管关于心理健康的精神病学和心理学方法的许多特征引起了许多批判，但人为中心咨询师和精神病专家雷切尔·弗里思（Rachel Freeth，2004）却指出，一些当事人觉得诊断有助于弄明白自己的感受和体验。弗里思认为，有时诊断能使人承受住自己的遭遇，或许还会让他们对引起困扰的原因少些内疚，或者是明白自己并不是所发生的事的唯一可责备的对象（比如，表明自己的障碍并不是非同寻常的，并且和当代精神病学见解一样，都可能有生物学上的原因）。但是，

> 罗恩（Rowan，1998）认为，若被"标记"为精神疾病，那么诊断对当事人会产生很多负面影响，包括污名化及其社会后果。事实上，他们认为这些结果可被概括为当事人会产生自我实现预言，即当事人会根据自己的诊断和他人建立关系，而不是根据自己的人格，比如说视某人为抑郁者。
>
> 你认为对正在体验心理困扰的人来说，诊断究竟是起帮助作用还是阻碍作用呢？

心理实践的基础不够充分？

尽管人为中心疗法强烈反对应对心理障碍的医学化方法，但激进的观点在这些年仍然造成了很大的影响。到目前为止，最重要的一点就是随之而来的批评，认为人为中心疗法作为一种治疗模式，还无法处理那些患有显著或严重心理困扰的当事人的问题。这一评论的立脚点是，人为中心疗法的基础并不牢靠，对不同形式的心理不适的详细理论解释不够充分，因此无法让治疗师实施有效的治疗。因为人为中心疗法把所有心理困扰都概念化为是不一致引起的，所以它被视为无足轻重的，因为即便是那些充分准备的从业者也根本无法满足那些患有严重不适的当事人的复杂要求（Cain，1993）。

与这种争论有关的还有对人为中心疗法的担忧，担忧人为中心疗法并不采取"具体化不适"的诊断，担忧许多人为中心从业者在对当事人进行治疗前并不采取"评估"这一步骤。在医学化的心理框架下，在治疗开始前就对每个当事人进行评估，有利于诊断当事人当前的不适，从而确定最好的治疗方案。然而，由于评估的目的在于诊断不适，而且还要在已确定治疗方案的基础上发展应对当事人障碍的心理公式（见专栏6.3），所以人为中心疗法认为这是没有必要的（Bozarth，

1998)。另外，由于人为中心从业者拒绝采用任何清晰明确的诊断，所以他们被认为并没有去确认当事人是否确实得到了适合他们需求的最佳治疗，而这一点可能也是人为中心治疗甚至是所有心理治疗所忽视的，当然也可能不是（取决于已确认的困扰类型以及关于有效治疗的研究证明）。因此，以这种方式工作的从业者被认为是天真的甚至是鲁莽的，可能会对他们的当事人失职（Wilkins，2005a）。而对于那些想成为专业的心理咨询师，以及其工作环境（如在英国国家医疗服务系统）高度需要"评估"这一步骤的咨询师来说，这是一个值得深思的问题，尽管这要求他们要对当事人的主观体验保持高度敏感，还要在治疗关系中保持自己的充足力量（Strawbridge and Woolfe，2003）。因此我们可以得知，在使用人为中心疗法治疗当事人时，评估和诊断这方面的问题为心理咨询师带来了很多重要的哲学理念和实践压力。

专栏6.3　心理公式和人为中心疗法

在保健领域有关不适的心理方法中，一个重要的概念就是心理公式。心理公式从心理学角度对诊断进行了详细叙述，即康等人（Kang et al.，2005）所定义的"[诊断出的]心理困扰的易接受的、迅速发生的、反复不间断的因素以及这些因素和当事人的关系"。因此，心理公式需要当事人能理解这些引起心理障碍的因素，并预测随着治疗的持续进行这些因素将如何发挥作用（Sperry et al.，2000）。由于它提供了相较于诊断本身更为深刻的见解，并为循证治疗方案及合适的治疗目标（Persons，2006）提供了一个"蓝图"，所以它支持了心理"治疗"。

人为中心治疗理念认为，心理公式（在认知行为和心理动力学的工作方法中都起主要作用）存在着很大的问题，因为在诊断的过程中，它优先采用治疗师的知识和专业技能而

> 不是当事人的知识和专业技能。尽管这个过程在实施时是尽可能地以成熟方式进行的，但它仍然主要依靠心理理论来理解当事人的困扰，因此减弱了当事人的体验和知觉，支持了治疗师的知识。从人为中心视角来说，类似于一般的诊断，应该根据当事人每时每刻的体验提供的"公式"进行治疗。然而，这样的观点与由认知行为和心理动力学方法推动的更倾向于医学化的工作方式有所冲突，而且这也再次重申了它会对那些更支持人为中心疗法的从业者带来挑战。

121   无论人为中心疗法关于具体化心理不适的诊断的评论是否正确，其激进看法对它在当代心理健康领域的地位还是造成了重大影响。现在普遍认为，人为中心疗法还无法作为一种心理治疗方法，尤其是无法应对那些患有严重不适的当事人的复杂要求，因此也无法满足他们对更有导向性的或理论上的专业干预的要求。这一观点给从业者带来了许多困难，正如约瑟夫和沃斯利（Joseph and Worsley, 2005：1）解释的：

> 人为中心疗法在理解精神病理学上并没有采取医学模型，也并未假设具体的障碍一定需要治疗。但心理学和精神病学上的从业者都做了这种假设……因此我们可以明白为何人为中心疗法被边缘化了……一些人为中心从业者确实着迷于这一边缘化的状态，也很满足于这一范式的激进本质。

尽管任何建设性的批判都毫无疑问值得考虑，但从人为中心视角来看，许多基于医学视角的批判，其立脚点不仅来自一种片面的观点，即如何处理心理不适最佳，也来自对人为中心疗法本身过于简化和过时的观点。当代人为中心疗法已经大大地发展了，为那些想要处理当事人复杂困扰的从业者提供了大量的理论和实践见解。这些发展提供了很多对话素材，可以和那些支持区分障碍，认为需要评估、诊断和公式化过程的观点相抗衡。事实上，大部分的工作还是关于人为中心疗法是如何理解看待这些过程的。

人为中心治疗是另一种选择

人为中心理念下的评估

在人为中心框架下，对许多（尽管不是所有的）人来说，让人反感的并不是评估的概念（Bozarth，1998），而是医学化方法对评估的目的构想（Wilkins and Gill，2003）。如果对当事人的评估是通过对当事人"疾病"或"不适"的诊断来进行的，那么就和人为中心疗法的基础完全不同了，势必会遭到人为中心疗法的坚决反对，其原因如前所述。但是，如果评估的目标是治疗师想要和当事人建立一种潜在有效的人为中心关系，那么关于哲学理念和实践问题的分歧也会相应减少。根据这一观点，可以认为，评估和诊断的并不是当事人而是其在人为中心关系中的潜在参与程度（Wilkins，2005a）。

基于关系的这一评估公式，直接遵循六个必要且充分条件（Rogers，1957），这六个条件详细叙述了促使改变发生必须要满足的要求。如果在最初的评估中无法满足这六个条件或其中的一个，就无法确保改变一定能发生，治疗也会显示出抵冲（如显示反对）。这一结果可能发生在以下情况中：患有严重障碍（如精神病）的当事人可能无法与治疗师建立接触（不符合必须建立接触的要求，因此需要前治疗；Van Werde，2005）；

当事人不渴望或者不情愿进行治疗（条件2），并认为没有必要进行治疗；治疗师由于特定原因自认无法对当事人产生共情或无条件积极关注（比如，当事人有自杀倾向，治疗师自觉无法在这种情况下与当事人协作）。

为了给人为中心的评估方式提供一个框架，威尔金斯和吉尔（Wilkins and Gill, 2003）确定了六个问题，来指导从业者的工作，不管对特定当事人的治疗是否采取人为中心疗法或者是否显示出了抵冲。建立在罗杰斯阐述的六个条件基础上的每个问题，都必须正面回答，因为人为中心疗法视其为有效的。这六个问题如下所示（Wilkins and Gill, 2003: 184-185）：

(1) 我潜在的当事人和我是否能够建立心理接触并能继续保持下去呢？

(2) 我潜在的当事人是否需要使用治疗，是否能够使用治疗呢？

(3) 在和我潜在的当事人建立治疗关系时我是否能保持一致呢？

(4) 我是否能对我潜在的当事人做到无条件积极关注呢？

(5) 对潜在的当事人的内在参照系，我是否能共情呢？

(6) 我潜在的当事人能否意识到我的无条件积极关注及共情，哪怕只是在最低程度意识到？

尽管这些问题并不试图对当事人的某种障碍提供诊断，但它们确实需要从业者去评估自己是否能与当事人建立治疗关系。它置从业者对能否建立治疗关系的评估于重要位置，而且这个过程需要对当事人的心理状况进行完全的评估，尽管它并不对任何心理障碍进行诊断。在提倡类似的评估过程中，威尔金斯和吉尔（Wilkins and Gill，2003）承认人为中心框架中的诊断（治疗关系的潜在性）可能确实有效，并质疑那些传统人为中心疗法所支持的反诊断观点。这也强调了应该寻找对抗医学化实践的方法，简言之，即阻止人为中心疗法从医疗健康领域消失，如桑德斯（Sander，2005：38）所言：

> 那些主张实证主义的人知道，如果人为中心治疗师拒绝医学模型和诊断的话，那么他们将会被剥夺权利……在大多数接受医学模型需要例行评估和诊断的服务中……最终由被剥夺权利演变为丧失权利。

人为中心疗法对心理障碍的分类

整合

人为中心理论在应对批判的发展中，在近年出现了两个实践领域，致力于发展医学立场下的人为中心疗法。其一是强调人为中心理论和现存的诊断系统（如 DSM Ⅳ）之间的整合（Mearns，2003）。这和前面提及的实证主义观点一脉相承，可以通过兰姆博斯（Lambers）的工作来一探究竟。她从人为中心的视角探讨了大量常见的心理障碍，如"人格障碍"和"精神病"。她还提出了人为中心理念下的人格理论的术语和概念，从而使人为中心疗法对这些障碍的理解成为一道独特的风景线。她认为心理障碍产生的原因如下（Lambers，1994：106）：

（1）当事人已经体验到的主要的价值条件的特性。

(2) 当事人处理这些价值条件和"自我"所产生的冲突的特定方式。

(3) 条件1、条件2以及其他素因性的遗传、文化、社会和环境因素的结合。

因此，以"边缘性人格障碍"为例。DSM Ⅳ对"障碍"的定义是，伴有下列症状：情绪波动，强烈愤怒，自我毁灭的行为，持久的认同障碍以及失控举止，以避免真实的或想象的被抛弃之事（APA，1994）。人为中心视角下的"边缘性人格障碍"，则是"无法保持一致的价值条件，缺少体验效度、虐待效度和情感忽视效度"（Lambers，1994：111）的产物，从而导致"自我概念变得敏感且不稳定"。兰姆博斯强调对人为中心治疗师而言，与患有这种障碍的当事人共同工作将会是个巨大的挑战，因为亲密的评价性的治疗关系会主要关注理解当事人的"自我"，从而给当事人带来威胁。当事人会过于关注对"自我"的理解，从而对治疗关系带来威胁。因此，她认为，在使治疗师始终意识到自己的"自我"并避免牵涉到当事人的内在冲突和恐惧时，一致性的作用是相当重要且突出的（Lambers，1994：106）。

兰姆博斯（Lambers，1994）使用人为中心理论所进行的分析进一步理解了特定"障碍"产生的原因，并对其"治疗"中可能出现的问题进行了分析。因此，她也为那些持其他心理学观点（如心理动力学解释）且同时在医学化框架下实行诊断和分类的人，提供了另一种构想心理障碍形式的方式。这一方法得到了其他人为中心从业者的接受，如斯布尔（Speirer，1998）提出了一种模型来解释现存的精神病类型是如何与不一致相联系的。

诊断和处理"过程"

另一个领域则涉及支持人为中心在医学化框架下的工作，它已经发展为理解（和分类）重要和严重心理障碍的另一个系统。这方面的工作主要是在实验领域内进行的（Elliott et al., 2004; Purton, 2004c），因此趋向于关注确认特定当事人以不同形式呈现出来的"过程"（如和内外在刺激物相关的方式）。这和在医学领域进行的"精确诊断"（Schmid, 2003）方法的不同之处在于，当事人在治疗中仍被视为积极的参与者，其实现倾向对改变的发生至关重要（Takens and Lietaer, 2004）。事实上，在关注特定心理过程时，强调的仍是作为建设性中介和整体个人的当事人，而不是仅仅关注障碍或疾病。从这方面来说，治疗师充当的专家角色是为特定心理过程提供处理方式，而不是为当事人自己体验的内容提供处理方式（可在实施干预的过程中或在确认不适应认知的过程中得到这个结论；见第3章的详述）。当事人并不是被诊断为患有特定障碍，而是被视作在其体验中使用特定形式的处理过程或"困扰类型"（Elliott et al., 2004）。因此，他们还有其他选择，而且并不是病理性的（如完全就病例或诊断出的障碍来分类）。

一位影响深远的理论学家沃纳提出，从过程这一角度用人为中心疗法来应对心理障碍（Warner, 2006）。沃纳明确了"障碍"过程的三种形式——脆弱、解离、精神病（Warner, 2000、2002），描述它们的发展基础以及人为中心疗法的最佳应对方式。她的这一工作辩驳了对于人为中心疗法治疗这些重要障碍没有充分基础的所有疑虑。

例如，为了描述"脆弱过程"（常就DSM Ⅳ中关于自恋或边缘性"人格障碍"的探讨进行描述）的发展根源，沃纳

(Warner, 2000：147) 提出了认知理论和信息—处理过程理论（Wexler, 1974），并且指出有许多重要的实验能力对有效处理体验而言至关重要。这些能力是：(1) 在中度唤起水平下保持对体验的注意；(2) 调整体验状态的强度；(3) 把话语和体验联系在一起。从婴儿开始出现对"自我"的分离及自治意识，他们便完全依赖于关注者的共情习惯和关注，从而使得自己的情感体验更为真实（如把愤怒和饥饿联系在一起），或者是把感觉和更精准的象征（如言语）联系在一起。如若关注者因为种种原因无法对婴儿共情，他就无法拥有这些能力。这可能会使婴儿仅能体验到一点点自己的感情，而在没有过多感情时便无法体验到自己的感情。因此，如果没有感觉到自己受到威胁或被误解，婴儿就无法与他人进行私人的交流，同时也无法继续控制管理自己体验到的感情。

沃纳（Warner, 1996）在研究成年当事人的"脆弱"处理过程时，类似于兰姆博斯（Lambers, 1994），也对人为中心治疗师提出了诸多要求。除了治疗师的一致性以外，她还强调共情的作用，认为在足够让人宽心的环境下，共情能确保个人逐步和情感体验再次建立联系，且不会变得势不可挡。这种治疗工作需要在安全和支持的环境下，对当事人每时每刻的体验都给予大量的共情性注意。如沃纳（Warner, 2000：152 - 153）所言，尽管很困难，但是对当事人用情感过程形式来促进改变，这是至关重要的。

理想的情况是，在对那些有脆弱处理过程的成人进行治疗时，会产生一种在早前儿童期缺失的共情性支持。如果治疗师仍然能对当事人的重要体验共情，那么当事人就极有可能从接受自己的体验上获得满足……不时的……当事人还极有可能发现他们的反应要比想象中更有意义，而看似无法改变的感情也会引起各种各样的积极改变。

沃纳对其提倡的关于脆弱处理过程的治疗方法要求极高。然而，即使不是高度挑战，也一样是一种挑战，即治疗那些无法和现实建立"接触"的当事人（Van Werde，2005）。当对这些心理障碍（如精神病）的医学化治疗方法主要依赖于药理学干预时（Breggin，1993），人为中心疗法基于治疗关系提供了另一种选择。这也再次表明，凸显理论化的人为中心疗法在治疗患有严重心理障碍的当事人上有了持续的发展。

治疗精神病——"前治疗"的作用

尽管许多人为中心治疗师（Warner，2000）已经探讨了人为中心疗法对精神病患者的作用，但是其集大成者是普鲁提（Prouty，1990），他提出了一种治疗精神病的方法，即治疗那些发育受损、体验到分裂或者患有阿尔茨海默症的当事人（Prouty et al.，2002）。普鲁提（Prouty，1990）从心理接触这一条件入手，也就是从罗杰斯1957年提出的当事人发生改变的六个必要且充分条件中的一个条件入手，认为它在治疗理论中的作用——每个人的体验都不同于他人（Rogers，1957，cited in Kirschenbaum and Henderson，1990b：96）——是阻止人为中心治疗师去治疗那些不能恰当建立接触的人（Prouty，1994）。

普鲁提（Prouty，1998）认为，心理接触包括三个要素：与现实的联系、与他人的联系和与自我的联系。每种形式的接触都能有效阻止当事人患上精神病，使这些个体不满足进行人为中心疗法所必需的那一"接触"条件。为了缩小差距，普鲁提提出了"前治疗"，以帮助具有接触障碍的当事人与其自身体验（情感接触）、他人（交流接触）及现实（现实接触）重新进行接触。

普鲁提（Prouty, 1994）认为，前治疗的实质是一种心理接触理论。它包括实践描述（接触反映）、当事人内在功能的描述（接触功能）和随之发生的可观察行为（接触行为）的评估。其目的是让治疗师运用接触反映刺激产生更高级别的自我心理接触、与他人及现实的接触（接触功能），从而使接触行为得以发生（如，和这些领域相关的接触行为，阐述接触是可实现的）。满意的反映有五种形式，每一种反映形式都是为了帮助当事人获得更好的接触功能或接触行为。其形式非常具体，比如，仅仅对当事人的行为或话语提供一个精准的反映。

接触反映的五种形式是：

（1）情境反映——准确地指出当事人的状况或背景问题（例如，"苏珊正在画画"）。

（2）面部反映——突出面部表情隐含的情感内容（例如，"你看上去很愤怒"）。

（3）身体反映——准确说明当事人身体的动作或姿势（例如，"你手指向某处"）。

（4）语言反映——准确并清楚地重复当事人的话语或者其发出的带有社会现实含义的声音（例如，"那是辆汽车"）。

（5）重复反映——重复之前貌似成功建立接触的反映，从而确保接触已经发生，并促进当事人体验的产生。

每种形式的接触反映都是通过不同的方式来促进接触功能和接触行为的发生。例如，一种"你看上去很悲伤"的面部反映能使当事人接触到自己的悲伤感情，换言之，即当事人自己

第 6 章　人为中心疗法及其对心理健康的当代实践：处理心理障碍

对自己建立感情（情感）接触。同样，情境反映，如普鲁提（Prouty, 1998, cited in Merry, 2000a：69）陈述的那样，通过提供"对世界的指向"来促使现实接触发生。这些反映直接构成了"现实"的相关特征，从而帮助当事人建立联结。

专栏 6.4　前治疗的例子

C：（当事人将手放在头上）的声音。

T：BR　你的手正放在了头上。

C：（用手遮住脸。）

T：FR　你的手遮住了眼睛。

T：BR　深呼吸。

C：（当事人把手从眼睛上拿开，看向地板。）

T：SR　你在看地板。

T：SR　地上有条绿色毛毯。

C：（没有任何回应。）

T：SR　我们现在在一起。

T：SR　现在请轻轻地呼吸。

C：（当事人直直地盯着治疗师。）

T：SR　你在直视。

C：（当事人把手放在耳朵之上的头边）我听到了什么声音。

T：WWR　你听到了声音。

C：我听见"你应该死，你应该自杀"。

T：WWR　你听到的声音在说"你应该死，你应该自杀"。

> T：RR 你所说的比你听到的声音更早。
>
> C：（当事人直视治疗师，开始阐述自己那段关于性侵犯的真实经历。）
>
> 关键词：C（当事人），T（治疗师），SR（情境反映），BR（身体反映），FR（面部反映），RR（重复反映），WWR（语言反映）。
>
> （Prouty，1998，cited in Merry，2000a：73）

尽管前治疗提倡的接触反映的直接性和明确性会使经验不足的治疗师在与当事人早期接触时感到不舒服（Sommerbeck，2005），但是他们仍然强调对于与那些患有严重障碍的当事人建立联系，它十分重要。这并不是说那些"无法接触"的当事人就不需要其他形式的实践和社会关爱来确保其健康。然而，前治疗为那些主要从医学层面治疗的治疗师提供了另一种选择，即人为中心疗法。事实上，随着和个人的"接触"增多，在偶然与当事人进行接触且让他体验到治疗师的共情、无条件积极关注和一致性的时候，把人为中心疗法和前治疗相结合还是可以加以考虑的（Van Werde，2005）。这使由不一致导致的精神病经历贯穿在当事人的实现倾向中，也为人为中心的治疗关系更加全面地发展提供了一个初步的台阶。

本章内容提要

- "医学模型"左右着当代心理健康治疗。大部分心理障碍都是从医学术语上加以理解的，因此它们被视为"障碍"或"疾病"，并据此进行诊断和治疗。

- 人为中心疗法基于"反诊断"的立场,在看待患有心理 *129*
  障碍的当事人时,是从其潜能和拥有的资源,而不是从
  某一特定心理"疾病"出发的。
- 鉴于人为中心疗法反对心理实践使用医学方式,因此它
  在许多心理健康体系中被排除在外,并不经常被视为一
  种处理复杂障碍问题的专业方法。
- 近年来人为中心从业者提出了大量方法来反对医学化工
  作方式。其中最重要的两种是整合和分化过程。
- 对于那些希望在治疗严重心理困扰时有理论基础的从业
  者来说,人为中心疗法提供了与时俱进的框架。普鲁提
  等人(Prouty et al.,2002)对人为中心理论和实践如
  何应用于那些具有"接触"困难的当事人(如精神病患
  者)进行了概述。

第 7 章

人为中心方法及研究

简 介

作为应用心理学的一个领域,咨询心理学强调的是实验研究作为治疗实践基础的重要性(Frankland,2003)。事实上,把咨询心理学和咨询的其他领域区分开来的一个方面,就是它满足从业者从事咨询的需要,并且理解研究实则是其专业活动的一部分。

这一章我们探讨人为中心疗法与其研究领域的关系,首先关注的是 20 世纪 40 年代早期的人为中心研究,并对之后的主要发展成果进行探讨。其次我们将探讨近年来人为中心研究者所面临的一些主要挑战,特别是要为人为中心疗法作为一种有效的咨询心理学形式提供证据。这一要求意味着在治疗中存在很多现实困难，因为这是一种源于医学化观点的需要，即对症下药，假定不同形式的障碍（如不适）需要不同形式的治疗。在此意义下的研究，也就被视为一种阐述"具体问题具体分析"的方式（Roth and Fonegy，1996），其动机和人为中心视角下的许多概念原则都相冲突。

在考虑到人为中心实践确实需要"证据基础"之后，我们的着手点就应该是探讨当代作为一种心理方法的人为中心疗法的研究究竟告诉了我们什么。一方面阐述人为中心对不同"障碍"都具有有效性，另一方面则突出它对理解如何促进改变发生做出的贡献。与此同时，这也确定了近年来的发展趋势以及未来可能有的发展。

专栏 7.1　人为中心疗法研究的主要类型有哪些？

尽管关于人为中心疗法的研究形式多种多样，但这一章我们着重讲其中的两种主要形式。第一种研究形式的关注点是人为中心疗法在促进当事人产生改变方面的成果。这种研究形式还是很重要的，因为它明确了人为中心疗法在多大程度上完成了预期目标，换句话说，就是它是否有效。它关注的仅是当事人的心理状况在治疗结束之后是否胜过治疗前。

对人为中心的另一种研究形式被称为过程研究，这种研究形式关注的是在治疗中到底发生了什么，而不是仅仅关注整个治疗是否有效。同时，它也关注在治疗中发生的事情的影响，例如，治疗师对当事人的体验所采取的共情的影响。因此，它也被看作过程—结果研究，因为它关注的是过程的"成果"。

关于人为中心研究的简要历史

对人为中心疗法的研究始于20世纪40年代,当时卡尔·罗杰斯及其志同道合之士开始探求如何把经验分析准则应用到治疗过程中(Barrett-Lennard,1998),从而全力支持他们的新方法。罗杰斯是第一位对此进行研究的心理学家,因此,他也是运用经验主义研究心理治疗过程和成果的先驱。

罗杰斯认为事实"总是友好的"(Rogers,1961:25),这一观点得益于他对自然科学长久的兴趣。因此,他决心为他的治疗思想找到经验基础,以发展一种精确的且可检验的理论(McLeod,2002)。这个经验基础是相当重要的,因为他的想法一旦有了坚实的经验基础,便将成为一种极其重要的、有效的方法。然而,这种研究在20世纪40年代并不容易,罗杰斯想要实现他的雄心壮志就必须战胜大量的挑战。例如,在没有我们今天所拥有的视频和音频的科技条件下,如何详细且准确地获知在治疗反应中究竟发生了什么?而一直坐在治疗室中进行观察显然会影响当事人和咨询师,从而曲解他们之间的接触。依靠参与者的记忆也一样会带来一系列不同的困难。因此,罗杰斯决定采用当时最先进的留声机技术来进行记录,然后抄写,这样每次治疗面询都是一字一字抄写的。但即便是这样做,在当时也是不容易的,就像他解释的(Rogers,1942,cited in Kirschenbaum and Henderson,1990a:211):

> 在俄亥俄州立大学是可以安装这种设备的,它能使心理访谈的电子记录存储下来。该设备包括安装在访谈房间内的隐蔽的无定向麦克风,它是与另一个房间里的双转盘

第7章 人为中心方法及研究

记录机器相连接的。这样就使得持续的访谈记录能够存储在空白的光盘上……我们已经发明了一种机器，可以使速记员用打字机打出她通过耳机在口述录音机里听到的内容。脚踏板让她能够根据自己的意愿来调整指针的高低，这样她就能够边听句子边打出来，然后接着听下面的内容……

在用这种方法分析和转录治疗面询内容时，有很多关于非指导性治疗的性质和过程的重要问题，例如其步骤在实践过程中与其他方法有何不同，以及当事人与非指导性的治疗师是如何进行接触的（Snyder，1945），这些将首次成为经验检查的主题。而我们最初关注的是治疗的过程（例如，在治疗的过程中发生了什么），这引起了一些具体的理论假设，如非指导性的共情回应会帮助当事人专注于她自身内部的感觉和体验（Rogers，1949）。这为日后的研究添砖加瓦，并且支持了人为中心疗法理论基础的发展。

到1949年，罗杰斯和他的同事才完成了一系列的研究，并在一份特定的出版物——《咨询心理学杂志》(*Journal of Consulting Psychology*)上向广大公众呈现了他们的研究结果。这些研究因"平行案例"而出名——它们基于10起治疗案例（即一段时间内对10个当事人的治疗工作）的数据。罗杰斯等人从不同角度分析了非指导性治疗方法的方方面面，例如，治疗接触与当事人对"自我"评估间的关系（Stock，1949）。其中也包括第一例在心理治疗领域进行的成果研究，即试探性地探讨每一案例成功与否的范围（Raskin，1949）。

尽管罗杰斯最初是试图理解治疗过程及其效果，但在接下来的几年里，他的兴趣基本上转向了成果研究。事实上，接下来他们对研究结果的采集（Rogers and Dymond，1954）都把焦点集中在搜集证据上，即搜集那些能证明现在被称为当事人为中心咨询干预的有效性的证据。这些证据包括以 54 个治疗案例的数据为基础的 11 份研究报告和两个个案研究。不同于之前的研究，这些案例被组织成了一个调查研究，在这个研究里，当事人在一种实验控制的环境下接受不同水平的治疗输入（如大量面询）。总的来说，人为中心疗法的结果是极具积极意义的，因此也表明它在帮助当事人降低心理不适上是有效的（Dymond，1954）。

专栏 7.2　测量结果第一步即探求疗效

对人为中心疗法结果的检测需要进行仔细的测量并控制好主要变量，以及清楚地了解心理"改变"的定义和测量方法。后一项是最具争议性的，因为任何关于改变的定义都完全取决于所采用的人格理论及其根本设想。因此，罗杰斯和他的伙伴（Rogers and Dymond，1954）所采取的构想是人为中心的常见概念，例如"自我概念"和"自我尊重"，还提出了与此相关的测量方法，例如，通过比较当事人"现实自我"与"理想自我"的相符度，以及他的心理防御水平（通过对"情感成熟"的测验得出；Rogers，1954），来评估他的自我接受程度（Dymond，1954）。运用类似这样的测量方法可以进行前治疗和后治疗（即在某一治疗开始之前和治疗结束后进行的治疗），这样研究人员便能够将得分进行比较，以此来评估该治疗方法是否有效。另外，他们也能够在此后的几个月内对评估进行追踪调查，以确定改变是否能够长期持续。

除了对前后治疗的测量进行对比分析，实验心理学原则还要求进行更进一步的测验，以确定是治疗本身引起了改变（即自变量），而不是任何其他因素影响了改变过程，如随时间发展产生的个人体验的自然进化。此时就需要实验控制了。具体到这个案例中，罗杰斯等人（Rogers and Dymond, 1954）采用了等候名单组的模式。这个组的治疗是在实验组进行两个月后才开始的，因此得到的治疗输入就会少些。除此之外还有一个真正的控制组，这个组不接受任何治疗（现在可能会引发一些道德问题！）。在比较完这三组在治疗前和治疗后的得分后，实验者可能会认为，任何治疗本身都会引起统计上的重要差别，因此由它的效用的经验而得出的证据促进了改变的发生。

尽管关注结果的1954年的研究是很重要的，但与此同时对过程的研究也在继续，它主要关注对人为中心疗法的测验和完善，特别是弄清人为中心治疗关系是如何促使改变发生的（Bown, 1954; Standal, 1954）。这项工作为罗杰斯最终概括出改变的必要且充分条件（Rogers, 1957、1959）奠定了基础，而且它反过来还促进了许多探究主要治疗变量的效果的研究的深入，比如共情、无条件积极关注和一致性（Sachse and Ellliot, 2001）。巴雷特-勒纳德（Barrett-Lennard, 1962）是这方面的领头人，他的关系记录为评估当事人在治疗师条件（例如无条件积极关注和共情）下的体验提供了重要的定量框架。这个记录是极具革新意义的，因为之前的相关评估工作都趋向于通过评估者分析面询记录来评价这些条件，这样的评估过程会充满潜在的偏见和不准确性。

直到1958年才建立了人为中心疗法的基础研究，受到这些成功研究鼓励的罗杰斯立下了雄心大志，计划在有更高需求的治疗人群（如精神分裂症患者）内来检查人为中心疗法的适用性和有效性。随着他到威斯康星（在那他同时负责心理学和精神病学）之后，他开展了大规模的研究，这些研究都是在当地一所精神病医院里检验人为中心疗法的过程和结果。尽管这一需要精细计划的研究如今被广泛地认为是"威斯康星项目"，但其实施也相当困难，正如麦克里奥德（McLeod, 2002, 90-91）描述的：

> 威斯康星项目是一项长期的、具有挑战性的并且具有难度的工作。大部分精神分裂症患者都曾受到过侵略性的和强迫性的治疗，并且都不太相信专业性的帮助。他们拒绝完成评估测验，不参与治疗环节并且在治疗过程中不愿过多交谈。

除了在收集数据的过程中遇到的一些实际问题外，在研究组内还出现了一些不合宜的紧张，以及一系列关于人为中心疗法对这些当事人是否具有有效性的不确定的结果。这个结果很让罗杰斯失望，而且这项工作的最终报告直到1967年（Rogers et al., 1967）才公之于众，不但推迟了公布日期，而且报告还很冗长，正如报告本身所言，人为中心疗法对精神病患者的有效性缺少相关证据。尽管证据不足是由在充满困难的环境中进行艰苦的研究引起的许多实际和政治难题造成的，但是这整项工作基本上是被视为失败的（Kirschenbaum, 1979），因此某种程度上它也成了罗杰斯及其伙伴研究工作的一个分水岭。之前那个紧密合作的研究小组至此解散了，罗杰斯自己也很快对他关注的人为中心准则在群体和小组环境中的应用失去了兴趣，他在威斯康星大学进行的研究结束了，这使得他毅然决定离开，只身前往加利福尼亚。

第7章 人为中心方法及研究

> **专栏 7.3 罗杰斯放弃研究**
>
> 　　除了威斯康星项目的研究结果带来的挫败感之外,还有一些原因导致罗杰斯将他的注意力转向人为中心的态度及理论在其他方面的运用上。其中很多原因都与他对经验研究在治疗心理学领域中的地位的质疑有关。一个典型问题就是,罗杰斯等(Rogers and Dymond, 1954)认为,当事人对自我的主观感觉和通过科学的方法揭示出的基本上是相异的。这个"有关感觉上的看法问题"(Rogers and Dymond, 1954:431-432)就像在罗杰斯心里播下了一颗怀疑的种子,使得他越发怀疑科学测量究竟在多大程度上能客观地测验出个体的体验,并由此开始怀疑它与心理学研究的关联程度。
>
> 　　到1968年,罗杰斯的这些怀疑进一步加深了,并且他发现自己一直在探究一些复杂的问题,即作为"科学家"的角色在多大程度上能和自己作为治疗师及个人的角色相调和(Rogers, 1968)。这在当时由经验性的观点主导心理学原则的环境中,是非常具有挑战性的,并且对于罗杰斯来说,有一点是完全朝着错误的方向发展的,即从"医学化"的角度视人为冷酷、孤立、机械的,忽略了主观意义和个体创造性在个体体验中的重要作用。他希望"科学"能有一种全新的形式(Rogers, 1968, cited in Kirschenbaum and Henderson, 1990a: 277),"能真正强调意义,而不是仅仅简单地强调0.01水平的统计数据……"因此,他再一次领先于时代,强调进行研究的重要性,类似的观点在新近的发展中也有所体现,例如定性方法。

人为中心疗法研究的新进展

　　继20世纪60年代末期威斯康星项目以及罗杰斯的研究小

组解散之后，个体研究者根据自身不同的兴趣进行了不同的研究，但主要还是关注治疗过程。对人为中心疗法来说，这是段艰难的时期，曾是人为中心研究一部分的一致性和力量，一直到那种观点消失之后才又被重新研究。此外，随着研究者生出各自的兴趣和观点，理论与实践之间的紧密联系也不复从前。这一时期的工作大体上可以分为两种主要类型，第一种是对罗杰斯提出的必要且充分条件进一步进行测验以及完善（Rogers，1957）。

对治疗师"条件"的研究

在这些条件中，共情吸引了最多的注意力，从那时起就有大量关于共情性理解和治疗结果间的高度相关的研究（Zimring，2000）。事实上，作为"实证支持的治疗关系"主要观点的一部分（Norcross，2002），在历史元分析的基础上，博哈特等（Bohart et al.，2002）不但认为共情和治疗结果高度相关，而且认为共情"比具体干预能解释更多的结果变量"（Bohart et al.，2002：96）。这意味着治疗师的共情要比治疗方法更能影响治疗结果。这是我们在这章的后面部分所要探讨的问题，因为它指出了在治疗过程中"共同因素"的重要性。

除了指出共情与治疗结果高度相关外，博哈特等人（Bohart，2002）还探究了近年来关于共情为何和治疗结果高度相关的研究成果。他们认为，关于共情的研究强调了四个因素，用以说明共情和积极治疗结果高度相关（即统计学表明结果不是偶然产生的）。它们分别是：（1）共情作为一种关系条件——它为当事人与咨询师建立紧密的关系提供了支持，从而产生了信任和自我暴露；（2）共情作为一种校正过的情感体验——共情关系为当事人被他人理解和重视提供了直接的学习体验；(3) 共情和认知过程——共情通过鼓励创建反思和意义来促进认知的重组；(4) 共情和作为积极的自我治疗者的当事人——共情鼓励当事人积极参与治疗过程。如我们在第3章提到的，人为中心疗法在其理论解释中已经强调了其中的许多因素，正因为如此，研究为共情在促使心理改变中的作用提供了经验基础。

除了共情以外，有很多研究是关于其他一些条件的，如无条件积极关注。和共情有些相似的是，这些研究通常都指向治疗师的"积极关注"和治疗结果之间的联系（由于概念和方法上的原因，这种关注的条件不能被评估）。然而，对这一条件的研究结果并不如共情明确，在法伯和雷恩（Farber and Lane, 2002）近来所做的调查中，仅有51%的数据说明积极关注和治疗结果存在统计上的显著性积极相关，并且剩下的数据显示并没有类似的显著性积极相关（虽然没有任何负面影响）。这甚至区分了重大和非重大发现，并反映了自20世纪70年代以来的大部分研究都关注积极关注。虽然治疗师的积极关注和治疗结果是由当事人来评定的，而不是由一个中立的观察者来评定，但部分研究显示出统计上的显著性积极影响在大幅度地增长（Farber and Lane, 2002）。这表明，按照一般的思想看，要求体验到治疗师积极关注的当事人都趋向于认为治疗是成功的。

罗杰斯（Rogers, 1957）确定的第三个条件是一致性。就像共情和积极关注一样，这一条件在近几年也得到了大量的实证研究。然而，在克莱因等人（Klein et al., 2002）为诺克罗斯（Norcross, 2002）调查所进行的经验支持的治疗关系的研究中，强调了一致性与治疗结果之间的积极相关远不如其他两种条件显著（34%的研究表明具有统计上的显著性积极结果）。但是，造成这种不确定结果的一个原因可能是，把一致性作为一个单独变量，在对其评估时会产生概念和方法上的困难（Sachse and Elliott，2001）。克莱因等人（Klein et al.，2002：207）指出：

> 尽管对一致性作为治疗结果的独立条件的经验性证据是混合的，但是对于把其视为更复杂的心理治疗关系概念的一个重要组成部分，仍然得到了经验和理论的支持。

因此，当把治疗师的一致性（或认为的真实性）看作是当事人和咨询师之间紧密的治疗关系的一部分时，也可以认为它能够对治疗结果产生间接但是积极的影响（Horvath and Bedi，2002）。事实上，在把一致性当做独立条件对其进行经验性研究时所产生的问题，可以推广到其他条件上去，因为六个必要且充分条件（Rogers，1957）是密不可分的（Tudor，2000），而且不能简单地被操作性定义为自变量。

对当事人经验的研究

人为中心疗法研究的第二个主要方面是跟随罗杰斯一起从心理疗法的"过程概念"（Rogers，1961）上着手关注当事人的体验，从而进一步检验他的某些思想及影响。这引发了人们寻求能促进改变本身发生的方式的兴趣（即帮助当事人从一种水平的心理过程转向另一种水平），这方面的工作激发了"经验性"传统，并且第一次出现在威克斯勒和赖斯（Wexler and Rice，1974）名为《人为中心疗法的创新》（*Innovations in Client-Centred Therapy*）的书中。

同盖德林（Gendlin，1974）关于聚焦方法的研究一样，这本书是由赖斯（Rice，1974）呈现研究结果的，强调了在促进对特定情感经历的处理中被称作"唤起共情"（即使当事人想起自己的种种体验）的作用。赖斯的研究是起关键作用的，因为它明确说明了不同类型的共情回应对应当事人不同类型的不适，提议为特定类型的不适寻找其他可能的技巧和策略。因此，经验性研究人员开始设计和评估那些旨在用特定方式来增强当事人处理不适能力的技巧。随后产生的成果有，格林伯格等人（Greenberg et al. 1993）提出"情感关注"疗法的模式，以及对特定不适采用过程—经验方法，如对创伤后应激障碍（PTSD）采用这一方法（Elliott et al.，1995）。

对人为中心研究的一个前后一致的项目？

尽管在经验领域内进行了专业研究并且坚持不懈地对治疗条件进行探析，但随着罗杰斯搬去加利福尼亚，人为中心疗法越来越没有了它当初建立时的特点——研究基础严格。缺少一个前后一致的研究项目，以及许多人为中心从业者不断怀疑其经验方法，都意味着古典的人为中心疗法是停滞的，但同时"经验"理论和实践又不足以发展为人为中心疗法的主要维度。

随着时间的步步推移，在为理论与实践建立与时俱进的经验性纽带上（Elliott，1998），人为中心疗法越发落后于其他心理治疗方法（如认知行为疗法），它严重缺少系统化的研究来证实它作为一种心理疗法在治疗特定"不适"时的有效性。自20世纪70年代以来，这种研究变得日益重要。因为心理健康的医学化特点和为不同障碍确定不同方法的需要，人为中心疗法作为一种主流的心理治疗方法已经越来越被边缘化了，不但被认为理论不够坚固，还被认为缺少实证检验。

139　　　正如我们在第 6 章所看到的，关于心理健康的医学化方法给人为中心从业者带来了一些特定的困难。当然，现在在医学化的背景下使用一种独特的心理方法需要得到典型的"临床试验"的证明，但其中一些特别需要却很难和人为中心的原则及程序保持一致。因此，近年来，人为中心的研究者一直处于一种两难处境中，要么与医学研究方法一致，要么用进一步远离主流方法——这些方法都被人们用不同的方式接纳了——的行动来挑战它们。首先我们来探讨后者，探讨实践需要的证据，以及人为中心疗法对常用证据类型的反对意见。

基于证据的实践和人为中心疗法

朝着基于证据的框架发展

在过去几十年里，关于对当事人的不同的障碍和不适哪种心理疗法能提供最大实际意义的兴趣水平显著提高了（Roth and Fonegy，1996）。这种兴趣来源于对公共服务的更大责任，而且往往也是提高医疗服务的有效性和质量的一种需要（Mace and Moorey，2001）。随着心理疗法日益成为这种医疗服务的一部分，其关键作用也已被归因于研究证据，这些证据表明一种独特的疗法比其他方法更为安全，并且能更有效地处理特定当事人的不适。这些证据为从业者（和当事人）提供了对常见"不适"——比如抑郁症和焦虑症——的最佳心理疗法的指导方针，因此这些证据也为诊断（和心理构想）与治疗计划搭建了桥梁。

把处理具体心理不适（如抑郁症）的研究证据转化为具体

心理治疗准则的变化不仅在英国根深蒂固了，而且已经扩大到其他国家（Elliott，1998）。例如，在美国，心理学的第 12 个分支（临床心理学）建立了一个推广和传播心理程序的特别小组（Chambless and Hollon，1998），来确定哪种形式的治疗对特定障碍确实有效。在英国，类似这样的心理程序已经得到了健康部门的允许，并且被刊载在名为《心理疗法的治疗选择》(*Treatment Choice in the Psychological Therapies*) 的文件中（DoH，2001）。这试图解决的是"谁最能受益于心理治疗，以及对当事人来说目前在国民保健服务中提供的哪些主要疗法最适合"（Parry，2001：3），这一工作现在有了许多不同的践行方式，例如英国国家临床评鉴机构关于治疗心理障碍（比如焦虑症）的建议为国民保健服务提供了流动的资助（NICE，2004）。他们通常拥护认知行为疗法，其许多案例证据都证明这种方法在治疗当事人一系列障碍上是有效的。

尽管研究的形式多种多样，但是通过治疗选择的发展准则给出的最有力的证据来源于临床研究，并被组织成与它有敏感联系的一个等级层次结构。通常情况下，这种等级协议的重要性与为实验获得的数据研究类似的医疗试验一样重要（如用来评估药物治疗），随机控制研究（随机选择一组作为非治疗组，另外一组当做治疗组，然后比较两组的治疗结果）通常被称为研究证据的"黄金标准"（Wessley，2001）。这通常是在运用一系列其他实验方法得到数据之后出现的，例如，"定群"研究（一组非随机被试接受一段时间的追踪处理而另一组同质被试不接受相同处理的研究）还有大量的其他实验研究都来源于文献资料。根据这一观点，非实验的数据，比如关于定性研究的数据，其质量都比较低。

在对所有的实验证据（尤其是"临床实验"证据）进行探

析时，希望证明某种心理疗法的有效性的研究者都被要求坚持医学模型的术语和设想，并把它们应用到心理学领域。它们包括确定特定的心理障碍（如因变量）、解释治疗的标准化程序和技巧（这被称为"操作"，因为它给从业者记下了操作指南，概述了特定治疗过程和条约）以及确定需要用哪些实验控制来尽量减少额外变量的干扰。因此，一些来源于医学化观点的简单设想就被嵌入这种研究中去了。在这类设想中居于核心的就是常说的《对有实证支持的治疗的争议》（Elliott，1998），同时它也是很多人为中心从业者极力反对的东西。

人为中心的回应

虽然评估心理实践的研究的基础准则对人为中心发展至关重要（Rogers and Dymond，1954），但是从人为中心的观点来看，人为中心治疗作为一种心理"治疗"，对于需要对其提供坚实的经验支持的临床试验研究而言也是一个很大的问题。

不同于大量人为中心的传统研究，要在医学化背景下提供坚实的证据需要的是这样的研究，即先确认（即诊断）障碍，再以一种"操作的"方式（Bohart et al.，1998）来进行治疗。但是这两个过程都不容易实现，原因是：(1) 关注诊断的"障碍"的要求与人为中心反诊断的立场背道而驰（见第6章）；(2) 需要一种操作的方式假定了一种治疗干预，即愿意接受"操作"（Henry，1998）。尽管对于那些主要依赖于特定治疗技巧（如那些用认知行为疗法来确认和挑战"不适"的思维）的心理疗法来说，这种假定可能是适合的，但是，它既不与人为中心所强调的当事人自主性相一致，也不与其假设——关系本身促使改变发生——相一致（这一难题产生的原因是当事人和治疗师的关系不能被标准化为一系列"操作的"步骤）。因此，医学化证据便是来源于人为中心疗法的大量假设，同时它们也给人为中心研究者带来了挑战。他们认为（Bozarth, 1998: 163-164）：

> 实际上，我们整个心理健康教育和治疗体系的基础建立在关于治疗技巧和专业方法的有效性的虚伪和伪装的科学支持的幌子上（我标示为"具体说明这普遍的错误观念"）……该体系的虚构基础就是具体问题具体对待。

类似这种争论强调了许多人为中心从业者强烈反对医学化术语和那些通常用作指导实践的"证据"的假定研究（Brodle, 2005）。然而，人为中心从业者对医学化的研究实践（临床试验）在心理学领域的应用也提出了质疑，强调许多方法和实践存在缺陷，使他们建立一组可靠的证据来阐述什么样的治疗对什么样的障碍有效的能力减弱。而由此产生的一个主要问题就是研究者的忠诚。

许多研究案例表明，相较于其他治疗方式，研究者忠于的特定类型的治疗方式和其积极治疗结果高度相关（c. f. Wampold, 2001）。人们在大量的研究中发现，由于大多数使用医学化的临床试验模型的研究人员支持认知行为观点，因而这一方法的治疗有效性最高（Elliott et al., 2004）。

与此相关的是外部效度问题，或者说是一种心理治疗的临床试验结果可推广到现实治疗情境中去的范围。例如，在试验情境下进行的且针对特定类型的"操作的"治疗提供一贯的

"剂量"的临床试验，塞利格曼（Seligman，1995）就怀疑其研究的推广度。他还认为，不同于临床试验，这一领域的心理学实践经常会涉及不同疗期的"治疗"（即不同的当事人需要不同的治疗时间），实施不同的治疗策略（不同的当事人需要不同的治疗方法），以及对提高工作的总体运作的更普遍的兴趣，而不是简单地关注减轻与特定障碍有关的具体症状，如焦虑。因此，从这一角度来看，心理疗法的临床试验对现实情境的应用提供的指示少之又少。

为了解决这些问题的生态效度，塞利格曼（Seligman，1995）建议那些希望证实特定类型的治疗干预确实有效的研究者，应该把注意力从临床试验研究模型转移到评估心理干预在现实生活中的有效性上去。这样做的一个方法就是评估实际临床服务（见专栏7.4），另一种方法就是做大规模的消费者调查。

专栏 7.4　基于证据的实践还是基于实践的证据？

随着对为实践建立"证据基础"的关注，许多临床试验背负了所有的健康和咨询心理学的方法（比如职业疗法）。然而，许多从业者发现这和现实生活中的具体事实并没有太大关系（Margison，2001）。因此，这使人们转向通过评估实际临床试验的结果和过程的方式来产生"证据"（Barkham and Barker，2003）。这种研究不是基于试验而是基于真实的治疗实践，例如用问卷法或其他的测量措施来检测治疗师和当事人完成试验的进度。强调证据是来自真实的实践而不是试验，通过这种研究方式得到的数据就被称为"基于实践的证据"。

通过引述一本美国消费杂志对其7 000名读者（曾有过

这种或那种治疗体验）所做的调查中的例子，塞利格曼（Seligman，1995）指出，调查结果表明，心理健康专业治疗是最常用也是最重要的治疗方法，"在治疗任何问题上没有比它更好的方法了"（Seligman，1995：968）。这一发现似乎违背了针对不同当事人的问题或障碍选择不同的治疗方式的原则，暗示所有形式的治疗方法的效用都是一样的。其中一个原因可能是它们的共同点比不同点更重要。这个想法就是著名的"共同因素"假说（c.f. Lambert and Barley，2002），该假说构成了人为中心疗法批判医学化方法下的"基于证据"的实践的一个重要方面。

专栏 7.5　"多多鸟"和人为中心疗法有着怎样的关联？

1975年，莱斯特·卢伯斯基等（Luborsky et al.，1975）认为，关于心理咨询和心理治疗的研究类似于《爱丽丝梦游仙境中》的"渡渡鸟"。"渡渡鸟"在赛跑进行半小时后，停下脚步并宣布："人人都取得了胜利，人人都有奖励！"换句话说，是"渡渡鸟"决定了所有的参赛者都是平等的，因此每一个人都应该得到平等的奖励。对卢伯斯基等人（Luborsky et al.，1975）来说，这一结论看起来似乎与咨询心理学的许多研究相类似，都发现没有哪种治疗方式要优于或差于其他方式，这一发现是基于"元分析"方法汇总大量研究案例的结果得到的。得出的这一发现被汇总成一个所谓的"元分析"的一系列研究成果。这一发现还经常被扩展（Wampold，2001），认为所有治疗方法的共同方面（比如治疗关系）要比不同方面更为重要。这些共同方面被称为共同因素。

对共同因素的忽视

对临床试验模型最强有力的挑战之一，以及在人为中心视角下为不同的心理治疗建立一个基于证据的项目的挑战之一，就是它忽略了经过数十年的研究而得出的结论，即任何实践都不单独依赖于治疗中使用的治疗方法，而是依赖于当事人和咨询师之间的关系以及当事人的自我资源（Bozarth, 1998）。当然，有很多证据还显示，当事人与咨询师之间关系的质量是治疗工作成败的一个关键因素，不论面临的是什么样的"障碍"，采用的是什么样的方法。

例如，克里茨-克里斯托弗和明茨（Crits-Cristoph and Mintz, 1991）已经阐明，不同的治疗师治疗效果各不相同，即使使用的是"操作的"心理治疗方式如认知行为疗法（CBT）。这就是说，技巧或者干预的哲学理念对治疗效果影响较小，而治疗师建立和维持与当事人的关系的能力对治疗效果影响较大。同样，马丁等人（Martin et al., 2000）的元分析表明，在79个主要研究中，治疗师和当事人之间强有力的"联盟"总是和积极治疗结果相关。

当事人的自我资源（即个人特点、心理能力和支持系统等）也是非常重要的，事实上，在对治疗效果的影响上，它带来的差异最大，即它对改变过程贡献最大（估计约为40%；Lambert and Barley, 2002），甚至超过了治疗关系及治疗师的技巧的影响（Lambert and Barley, 2002）。例如，克拉金和莱维（Clarkin and Levy, 2004）总结了与成功治疗结果密切相关的一系列个人和社会变量。这些变量包括归因风格（在多大程度上当事人会把自己的体验责任归因于内部因素和外部因素）、社会人口特性，以及大量的人格变量，例如当事人对治疗结果的期待、对改变的准备以及"心理上的全神贯注"（即对心理术语的概念化的能力）。其中的许多方面都和罗杰斯（Rogers, 1957）提出的条件有很大相似性，即认为当事人必须愿意并且能够相信治疗会成功。但是其他"额外治疗的"变量也与此相关，如自助、朋友和家人以及同病相怜之士。

在这些调查结果的基础上，亨利（Henry, 1998）认为，忽视共同因素首要作用的唯一原因就是心理流派之间的争斗，它更适用于那些医学化的心理治疗，继续试图寻找证据以证实这种"治疗"比其他方法更为有效地治疗了特定心理障碍，正如他所认为的（Henry, 1998: 128）：

> 我相信，对该领域外的中立科学小组来说，这个答案是显而易见且是被实验证实的。在跨学科研究的总趋势下，不管治疗技巧和治疗流派如何，许多结果差异都不能归因于先前存在的当事人个性，包括治疗师的个体差异、当事人和治疗师的人际关系。这是这三十年来对经验心理治疗研究的主要切入点。然而，这些研究结果的意义都被系统地忽视了。与此同时，另一个不相容的研究范式继续巩固自身，最令人震惊的是，它竟然还是以科学的名义。

这些争论明确了人为中心疗法在多大程度上挑战了这一假设，即假定某一治疗要比其他疗法有更多的证据基础，而且直接忽视有强有力的证据指向的"共同因素"（比如治疗关系）的关键作用，即支持人为中心理论和实践的大量提议（Bozarth and Matomasa, 2005）。一些人认为，这些问题不但强调了对挑战医学假设的需求，并且还坚定了"重点反对"其要求的立场（Sanders, 2005）。这种立场将继续鉴别在心理学领域内与临床试验方法应用相关的重大问题，同时还可能会再次强调对罗杰斯在 20 世纪 60 年代首次提出的经验方法的关注（见专栏 7.3）。

对另一些人来说（Elliott，2001a），通过寻找人为中心疗法是处理心理障碍的一种有效方式的相关证据，还能得到关于这一方法的其他方面的认识。因此，有人认为人为中心的研究者必须努力提供治疗障碍有效性的有力证据。像那些坚决认为有必要使用诊断的人一样，许多支持这一方法的人已经接受了用实用案例来开发相关的证据基础，而且为了完全根据经验来证明人为中心疗法是一种合法的治疗方式，他们展开了越来越多的研究。现在我们把注意力转移到这个方面的实践上去。

最新研究：人为中心疗法作为一种"基于证据"的疗法

通过用详细全面的元分析来评估人为中心疗法的新证据，埃利奥特等人（Elliott et al.，2004）认为，现在人为中心疗法（也被称为"经验"心理学）已经有了更多关于大量精神障碍的"功能性和有效性的确凿证据"。

例如，格林伯格和沃森（Greenberg and Watson，1998）的一个研究运用实验方法的研究结果去检验过程—经验法和传统的人为中心疗法（又称"当事人为中心疗法"）的有效性，其方法是对 34 位已被确诊为抑郁症的患者（每组 17 个人）进行 16～20 次面询。在这种情况下，无论是在终止治疗后还是在这六个月期间，当事人的状况都有相当大的改善。在检验治疗成功的原因时，作者报告了工作联盟和当事人治疗"任务"之间的相关性是实验成功的主要因素。然而，正如他们所言（Greenberg and Watson，1998：220）：

结果并不表明这两种治疗方法的有效性是一样的。在

第7章 人为中心方法及研究

纯人为中心疗法中加入积极的经验干预，治疗结束时当事人在人际问题、自尊和常见障碍上显示出更大的改变。

由此，他们进一步认为，过程—经验模型对当事人的益处又稍微多些，因为它使用特定任务和关系来促进体验的产生。尽管两种方法的差异并不显著，也会被质疑这两种方法应用度的一些因素如研究忠诚度来调和彼此间的差异，但是这个发现还是被人们反复研究利用（Bozarth et al., 2001）。格林伯格和沃森（Greenberg and Watson）就是支持过程—经验模型的治疗师。

除了一系列的研究表明人为中心疗法是一种有效治疗障碍的方法，越来越多的证据还表明，它和其他的治疗方法一样有效，如认知行为疗法（CBT），这一疗法目前对于有效治疗大量当事人障碍有着最坚实的证据基础。比如，近来在英国的一个随机对照组试验（RCT）中发现，在治疗抑郁症和抑郁焦虑症的主要过程中，传统的人为中心疗法（在这个研究中被命名为"非指导性疗法"）和认知行为疗法有同样的效果。正如作者所述（King et al., 2000: 37）：

> 对这两种心理治疗方法进行直接比较（对随机分配的被试进行分析，发现这两种疗法的效果是相当的），无论是在之后4个月还是12个月，这两种方法都没有显示出任何临床结果上的差异性……这一试验并不支持CBT（认知行为疗法）的临床有效性要优于NDC（人为中心疗法）的观点。

这个研究结果表明，人为中心疗法和认知行为疗法的效用是一样的，对于不同的当事人障碍，从抑郁症和抑郁焦虑症（正如以上提到的）到创伤（Clarke, 1993）和严重的人格障碍（Eckert and Wuchner，1996），这一发现都越来越多地被证实。虽然英国国家临床评鉴机构（NICE）或者相关机构并没有在治疗原则上对此进行阐述，但是这是因为大量定量研究表明认知行为疗法的有效性要比人为中心疗法的高得多。人为中心疗法缺乏研究及证据，但是这并不能说它就是没有效果的。因此，日后人为中心研究的一个趋势就是继续寻找更多的证据说明该方法能有效地应用到大量的当事人障碍上去（Timulak，2003）。

新近的过程研究

虽然人为中心研究者的首要选择是为人为中心疗法是一种有效的心理干预方式寻找更多的证据，但是他们对人为中心的过程的兴趣也从未减少。因此，很多人为中心研究者从关于条件，如之前探讨的共情的研究出发，进一步阐述了人为中心疗法是如何促使当事人发生改变的。大卫·雷尼尔（Rennie，1991、2001）走在了这方面的最前端，他关注当事人对治疗过程的体验，强调它能促进或者阻碍当事人改变。雷尼尔的方法如此重要的原因是，他着重于深入研究当事人每时每刻的意义，以及一些特定因素（如治疗师通过无意义的评论或者建议来干扰当事人的思维或感受）是如何影响体验过程的（Rennie，2001）。

萨克斯（Sachse，1998）和埃利奥特等人（Elliott et al.，2004）的治疗"微处理"的研究类似，他探讨了患有不同障碍的当事人在治疗过程中是如何与自己的体验相联系的。这和当事人有不同的"处理风格"有关，或者换句话说，内外事件相关联的方式影响了治疗的方法（Sachse，1998）。这项工作反映了在经验人为中心疗法的传统里当事人过程的重要性。

在更深远的治疗探究过程中，在大量的人为中心的研究者中出现了对于兴趣问题研究的创新研究方法，特别是发现了相对于定量研究的定性研究的趋势。定性研究强调意义，紧密联系了人为中心疗法的现象学视角（McLeod，2003a）和被研究者广泛探索的大量治疗关系。

在对治疗过程的进一步探讨中，人为中心研究的另一个趋势就是革新研究方法，尤其是对兴趣问题的定性研究，而不是定量研究。定性研究强调意义，这加强了它与人为中心疗法的现象学视角的联系，并且吸引了大量研究者去探讨治疗关注。

专栏7.6　怎么成为一个人为中心研究者？

除了作为一种心理学治疗的方法，人为中心视角还包括大量可以应用到任何心理学领域的研究的哲学准则。米恩斯和麦克里奥德（Mearns and McLeod，1984）把这些分为五种准则：（1）保持一种理解参与者主观体验的兴趣，也就是共情作用；（2）把研究视为一个过程而不是简单地注重研究成果的活动；（3）保持和参与者一致的立场；（4）以一种非判断的方式接受当事人及其体验；（5）平等地对待每一位参与的个人，把他们视为参与者而不是被试（后者是一个专业术语，代表的是研究者的权威）。

作为一个项目的参与者应该提供研究的个人成果，比如指导研究过程中的问题，在最后的结果中承担一种积极的作用。这是相对于很多心理学家试图控制所有变量以减少主观偏见的一种客观经验法。因此，很多参与者背离了心理学定量研究的方法，很可能强调的是参与者的主观意见和一些与定性研究相联系的体验（McLeod，2000）。

148

定性研究的心理学方法，对于很多人为中心学习者而言还很陌生。一些常见的定性研究方法如下：

- 现象学研究——和参与者进行面对面的交谈从而发展他们对特定"生活体验"（正被咨询）所附加的主观意义的深入赏识。一种日益流行的现象学方法就是诠释现象学分析法（IPA），这是一种探讨现象报告并用现有的理论概念来对其进行说明的方法。
- 扎根理论——一种完全依靠收集到的数据（即在数据的基础上）而不是通过检验已存在的理论或假设来形成理论的研究方法。常用的扎根理论方法就是和不同的参与者进行面谈然后分析他们反应的主题和形式。
- 话语分析——一种定性研究的方法，就是通过查看参与者在特定情境中（如在咨询中）自我表达的方式来研究语言和力量间的关系。
- 叙事分析——一种类似于语言分析的方法，它关注的也是自我表达但是重点强调人们叙述关于自己及自我体验的报告（或者故事）类型。
- 行动研究——一种使研究过程和特定"行为"相联系的方法，比如把心理咨询运用到开发和测试需要帮助的人的研究上去。

比如，沃斯利（Worsley，2003）审查了在支持治疗师自身发展上的"小规模的现象学研究"的作用。这个研究包括对与特定论题（比如厌食症）相关的个人意义的深刻的、严格的、系统的审核，从而拓宽自我意识。另一种相反但也是定性研究的方法就是穆尔曼和麦克里奥德（Moerman and

McLeod，2006：232）所采用的方法，他们探讨的是在用人为中心疗法处理酗酒问题时当事人对"自我"的体验，使用的是间断性回忆分析法，就是"给当事人播放一段之前的咨询面询记录，使他们能够再次回忆并描述自己在那次面询中的体验的一种访谈方式"。这个研究发现，当事人在保持"理智的自我"中体验到的困难，对于他们控制酒精摄入的能力有重要意义。另外，研究还发现，当事人使用不同的治疗方法的原因，是他们问题的严重程度不同导致了"处理风格"的差异。

虽然定量研究一般强调治疗过程，但是阐述治疗结果的"证据"的要求使得埃利奥特（Elliott，2001b）争辩说，个案研究法允许对这些忧虑进行整合。他使用定性研究和定量研究两种方法提出了诠释单例疗效设计（HSCED）（Elliott, 2001b）。它用一种整合的方式囊括了大量的数据（叫做充足的案例记录），包括结果测评数据和定性访谈数据，用以评估其有效性并理解其过程。这样的研究毫无疑问走在了人为中心研究的前沿，并为之后的发展提供了一种有趣且重要的渠道。

一种研究政策？

尽管对人为中心疗法的研究确实再次为该方法建立了一个坚实的证据基础，把理论应用到更大范围的实践中去，但是确保这种势头能够继续而不是像之前那样减弱仍然是相当重要的。因此，麦克里奥德（McLeod，2002）指出，应该优先考虑人为中心的主要研究"政策"，从而指导整合研究实践，并且推动人为中心从业者在研究中发挥核心作用。这种理念对于那些更熟悉人为中心疗法的实践者来说似乎是不相容的，但是它说明现在已回归到某种原先与罗杰斯及其同事相联系的一致性研究项目上去了。在很多方面，这样的改变可能代表着退回到过去，但是同时也是对将来的展望。

本章内容提要

- 对人为中心疗法的研究开始于20世纪40年代，当时罗杰斯和他的同事开始把实验方式应用到治疗案例的过程和结果上去。
- 20世纪50年代至60年代的研究者进行了很多研究，用以证实并完善人为中心疗法的理论和实践，同时阐述了它作为一种心理方法的有效性。
- 自从把人为中心疗法应用到精神病领域的研究项目失败后，罗杰斯的兴趣便不再是进行更深入的实验研究而是研究团体和社区成员。
- 20世纪70年代至80年代，人为中心研究的有效性和一致性都降低了，这导致人们指责人为中心疗法的"证据基础"不够充足。
- 关于阐明治疗实践的"证据基础"和不同"障碍"的关系的需求在近年来日益增长，但是也遭到了人为中心研究者的挑战，因为医学化的假设支持它。医学化假设包括强调"临床试验"是确定治疗有效性的最好方式。
- 当一些人为中心社团反对用医学观点所需的方式提供"证据"时，其他的人支持旨在"经验证实"人为中心疗法是一种有效处理各种"障碍"的方法的研究。

- 当代人为中心研究使用大量方法来进一步探讨和人为中心治疗过程相关的主要问题。这既包括定性方法，也包括定量方法，尽管定性方法被一些人认为是更好地坚持了人为中心视角的哲学基础。

第8章

社会建构主义和人为中心疗法

简 介

在第5~7章中,我们已经研究了人为中心疗法是如何与心理咨询理论、实践和研究的主要方面相联系的。在这一章,我们将重点分析当代对心理实践的评论是如何影响人为中心理论和实践的。这些评论通常被称为"批判的""后现代主义"或者是"后结构主义"(c. f. Burr,1995)。尽管在这一章我们用了笼统的标题"社会建构"来指许多关于现代心理学的最基本的假设和实践的问题,但由于其中很多问题在心理咨询领域也十分突出,因此它们也为人为中心从业者提供了一个重要参考。

社会建构的思想并不是简单明确的，而是以各种完全不同的哲学观点，为当代心理学基础的奠定立下了汗马功劳（Parker et al.，1995；Gergen，1999）。因此，没有一些先前（简化！）的介绍作前提，我们很难去探讨它们和人为中心疗法的关系。那么，我们的首要任务是探索一些重要的心理学建构思想及其提出的一般心理学问题。接下来，我们应该把注意力转移到研究人为中心疗法和这些问题与人为中心疗法的关系上。之后，我们应该围绕知识、能力、自我三个主题来进行研究。这些主题包括了社会建构思想的主要方面，并为研究人为中心理论和实践的应用提供了有用的桥梁。

社会建构主义简介

从哲学的角度来看，社会建构有着许多不同的维度和目标。它为现存的心理学理论和实践形式提供了一种相反观点的批判，并指导我们作为心理学从业者如何去理解周围世界并参与其中。虽然有很多方式可以详细阐述这些评判性的观点，但是奈莫耶（Neimeyer，1998）在这些评论中明确了三个核心主题。

（1）知识。社会建构主义反对20世纪经验心理学的核心假设。它尤其挑战了对心理现象的客观的、一般性的、科学事实或"真理"的研究，它认为对类似这些"真理"的研究都很有问题，因为所有的知识都是人类的产物，所以它始终受到文化、历史和政治因素的影响。正因如此，心理学在对事实的研究上从未完全保持客观，原因是这需要你事先并没有假设你要如何解决问题，但这是不可能的。社会建构主义从而认为，经验心理学呈现的是基于它自己的假设和检验方式的事实建构，而不是通过实践检验得到的真理。事实上，它认为所有心理学知识都是社会性的建构，因此具有相关性。

(2) 能力。社会建构强调的第二个主题是能力。它能迅速地反映出心理学家会以何种理论和实践工作来支持特定类型的能力关系。这一过程的核心是语言和"话语"（尤其是文化上的特定观念和想法的集合），即用特定方式定义或者"瓜分"世界（Neimeyer, 1998）。比如，西方心理学的一种常见话语就是医学话语，它为我们如何正确理解心理障碍（就是个体的"疾病"）提供了特定假设（Foucault, 1974）。这和替代性话语是不同的，比如把精神病定义为重罪甚至是"鬼魂缠身"的后果。没有任何方法能证明对这些话语的解释哪种是正确的，因为每一种都用自己的方式来理解"证据"和知识：心理学涉及经验测试的理念，精神上假设"神的意愿"的核心性。因此，这个问题反映的是一种能力，从这个角度来说，每一种话语都能够使他人的思想看似非法，但却使话语本身变成"常识"（Parker, 1989）。在西方世界里的大多数治疗背景下，医学性解释是占主导地位的，因此要求当局界定怎样参与心理治疗是最好的，鉴定在特殊的"障碍"中的错误的诊断，然后为当事人提供适当的治疗。对个体遭受的心理痛苦的另一种解释（比如，贫穷或"魔鬼附身"等社会因素）是非法的，即使这些和当事人而不是和治疗师的自我评估系统更相符。这是一种能力的不平衡，这一不平衡是由社会建构主义所挑战的那些话语造成的。

(3) 自我。社会建构主义不是将个体视为拥有一个固定的自我（即一系列的个人品质和人格特质）并随身携带，而是将自我视为环境，就像一块橡皮泥，随着周围环境和人际关系的变化变成不同的形状和模式。因此我们的身份（即我们对自己的看法）就不可避免地与我们所参与的背景和人际关系交织在一起，我们发展出一系列不同的、根据环境变化的身份，这些身份随着时间的推移而"积淀"（Wetherell and Potter, 1992），使我们拥有一个一致的自我意识。虽然这种观点似乎有些奇怪，但人们也经常谈到他们自己的不同"面"（Mearns, 1994）。社会建构主义认为这些部分是我们在前进基础上磋商身份的必然后果，并认为我们的身份因此而分散在我们所参与的不同的关系和背景之中（Bruner, 2004），而不是固定包含在我们内部的那部分。在有关后者的假设中，社会建构主义认为，心理学错误地认为个人和他人是分离的（就对人格特质和关于对自己的一致性看法的假设而言），并认为这一观点是西方价值观认为个人主义比背景和内在人际关系更重要的产物。

专栏 8.1　对现代主义的排斥

社会建构主义的许多论点都是基于对"现代主义"的批判，这是 18 世纪末至大约 20 世纪中叶西方世界的主流哲学观点。现代主义强调人类的进步，利用工业技术和科学摆脱中世纪的神秘是当务之急（Neimeyer, 1998）。它力图用"绝对真理"（为科学所检验的毫无疑问的事实）通过理解实验心理学所反映的一种观点，以及使既可知又可量的心理事实的信念发展成一种可理解的观点来促使人们取得进步。正是这种信念和与之相关的实践受到了社会建构主义的质疑，同时这也是后现代主义的立场。

社会建构主义和人为中心疗法

154 简要通览社会建构主义者的观点,可以很明显地看出这些观点给当代心理学提出了许多问题。作为一种已嵌入当代心理学背景中的方法,人为中心疗法的理论和实践可以通过这些问题进行检验。这并不是一个简单明了的任务,其主要原因在于人为中心疗法和心理学中的许多其他方法并不能兼容,但同时它们又分享着大量的主要设想和步骤。因此我们的探究试图描绘出一种独特的对话,再次关注知识、能力和自我这三大主题。

知识

社会建构主义的一个重要关心点是挑战心理学理论中的那些真理假说(Gergen,1991)。这些假说一般都依赖于经验心理学中的科学原理(例如,检验假设以得出事实),并被用来作为支持所有事实的理论依据,但社会建构主义认为这种做法不但歪曲了知识的本质,还隐藏了绝对客观和自由假设的数据的不可能性。这样的真理假说也经常在利奥塔(Lyotard,1984)所述的"元叙述"(一种具有包容性、普遍性的理论)中体现,但社会建构主义认为这种方法忽视了不同人、不同文化和历史时期的差异。对于生活在21世纪的我们来说,它并不能解释不同地区或不同历史时期的人们的心理现实。忽视了这种情况而得出的适用于所有人的心理学理论,一般都是依赖于最近时兴的仅用西方人作为被试的经验研究而得出的,因此降低了其在不同文化观点和哲学理念之间的通用性,故而它们

第8章 社会建构主义和人为中心疗法

可能被认为建构了一种文化霸权主义。

对人为中心理论而言，很明显，它的许多维度，像许多基于实验的心理学理论一样，有大量真理假说都是从实验检验中得到的（Jones，1996）。而且，其结论都是以"元叙述"的形式呈现的，其基本结论可以推广到所有人，不管是什么背景、什么环境。

关于这方面的一个例子就是罗杰斯 1959 年提出的治疗、人格和人际关系理论。罗杰斯（Rogers，1959，cited in Kirschenbaum and Henderson，1990a：239）把基于经验检验和提炼的这一理论描述为"一种'如果……那么……'的种类。如果存在特定条件（自变量），那么将会发生包括特定因素的过程（因变量）。如果这个过程（现在作为自变量）发生，那么特定人格和行为就会发生变化（因变量）"。在使用类似自变量和因变量的概念时，罗杰斯根据经验心理学的假定明确地界定了这种方法，并通过表明如果特定的条件被满足（自变量）那么人格和行为将会发生改变来强调这种方法的真实地位。这些强调表明这个理论适用于所有人，并且对任何其他可能性或其他理解方式都没有限制。类似的主张都是由大量人为中心理论中的固有概念形成的，比如所有个体都有实现倾向可促进个人建设性的成长（Rogers，1951）。

基于类似的主张，很明显人为中心理论被内置于采用现代主义以理解知识的西方经验心理学中，而这种现实主义是为社会建构主义者所强烈批评的（Jones，1996）。然而，批评并不是完全针对人为中心疗法的，因为人为中心方法是由两种知识构成的，一种强调个体的主观意义和感知，而另一种则挑战与特定时刻的个人相关的任何客观的科学的事实。正如我们在第5章所说的，这一现象学立场在它的治疗理念和过程（首先聚焦于当事人被提及的结构）中得到强调，并且和社会建构主义关于事实的相关本性、个人本性、背景本性的假设以及实验科学对这些本性的主观意义的相同评估产生了共鸣。

　　理解这些不同类型的知识的一种方法就是把人为中心疗法视为是罗杰斯对经验方法的激情和他对于主观体验（源自他作为心理治疗师的经验，并且也源自他另外一种哲学视角如存在主义哲学的意识；Sartre，1956）重要性的认识的结合物。因此，他的方法囊括了他所开拓的理论和治疗实践之间的一种紧张关系（正如在第5章所探讨的一样），而治疗实践则提高了个人意义的价值，并且也因此提高了个人主观理解的价值。琼斯（Jones，1996）认为，这强调了罗杰斯对于当事人看法的关注和格根（Gergen，1991）及邵特（Shotter，1993）等社会建构主义者所提出的非指导性的"关注的询问"类型之间的平衡。因此，就像欧哈拉（O'Hara，1995）认为的，罗杰斯除了是一位现代主义者，也是一个后现代主义的开拓者，致力于解决在多样的个人事实的背景下把科学准则应用到人类身上的困难。实际上，正如我们在第7章看到的一样，罗杰斯自己质疑经验方法在心理学中的作用。正是在那样的情况下，他寻求另一种关于心理理解的方式（Rogers，1959，cited in Kirschenbaum and Henderson，1990a：251）：

　　　　在我们的领域中有一个相当普遍的感知，即我们专门创出的逻辑积极主义在主观现象发挥重要作用的领域中没有必要发挥最终的决定权……这里是否还有空间以发挥其决定权……是否存在一些可能发展出一种为存在的主观个人提供广阔空间的存在主义方向的观点？……这些仅仅是对模糊目标的一种高度推理性的希冀。

第8章 社会建构主义和人为中心疗法

能力

社会建构主义所批判的第二个应用到人为中心疗法中的主题是能力。社会建构主义认为，心理学作为一门学科，相比其他学科而言，并没有（Parker et al.，1995）隐藏其对特定关系合法化的理论及实践工作的影响能力（Foucault，1974）。关于这种关系的一个例子是用医学方法强调由从业者"诊断"心理障碍和用特定方式、技巧对此治疗的重要性（见第6章）。另外一个例子是对心理学工作的个人化的关注，但是这个关注遭到了社会建构主义者的批判，认为其降低了心理障碍的潜在社会基础的影响，例如贫困对抑郁的影响（Russell，1999）。这种批判和人为中心疗法的重点直接相关。

与许多西方心理学相似，人为中心疗法可能被看作是提供特定心理学概念（比如实现倾向）和将心理障碍的根源置于个体的解释（比如不一致是引起心理障碍的原因）的一种疗法。对心理健康的这种"心理学分析的"观点的一个结果就是不再解释心理障碍产生原因中的结构和经济方面的缘由。因此，人为中心疗法在把"不一致是引起心理障碍的原因"理论化的过程中，通过否认社会压力、经济压力对个人健康的作用来支持社会中存在不平等的能力关系（Smail，2001）。正如戴蒙德（Diamond，2004：244）所言：

> 主要关注个人的心理学，仅仅是形成了一部分，并未完型，而且它对重要精神病学的病理和疾病概念的反应较为强烈。它是被个体无所不能的思想和时代思潮所诱导的。精神疗法的一个重要推论就是把注意力集中在个体身上，个人对于因无力对改变产生影响、控制而生出的负罪感负责。

157 　　这里所暗示的是个人处在障碍的中心地位，治疗关注的始终是内在体验，而不是创建性的和维护性的社会压迫因素（Sanders and Tudor，2001）。沃特豪斯（Waterhouse，1993）认为，这会给当事人的应变能力（即变得一致）带来过度的负担，而应变能力正是问题的根源所在，例如，失业和随之而来的社交能力的缺乏。事实上，从这方面进行治疗的人为中心疗法通过给予不适当的结构认知因素可能会加剧当事人的痛苦并会制约当事人做出的选择（Diamond，2004），这种方法受到人们的批判，这种批判反映了存在现象学的一种观点（c. f. Cooper，2004），即人为中心框架下缺少对被约束的存在的关注。在这方面，克罗比（Cromby，2004）指出了"富裕和贫穷之间的明显对比"，并且进一步质疑如何把抑郁症患者的无能为力及绝望体验合法化。

　　尽管人为中心疗法的理论和实践都确实立足于个人主义立场，但是一些人为中心的从业者认为，说人为中心疗法忽视了能力问题只是一个误解（Wilkins，2003）。

　　例如，那提罗（Natiello，1990）认为人为中心疗法在反对医学化的心理学解释和实践（如鉴别和诊断特定心理障碍）时，都把对能力的意识置于实践的最核心部分，并且努力实现治疗师和当事人之间的能力共享。因此，人为中心疗法和其他心理疗法一样，都将治疗的焦点放在个人身上，只是该方法在心理治疗过程中对于潜在的不均衡能力比其他大多数的方法都更敏感（Proctor，2002）。

　　我们也可以认为人为中心理论所采纳的是社会视角，而不是完全扎根于个人主义立场的心理视角（Cameron，1997）。例如，罗杰斯（Rogers，1977）认为，应该注意带压迫色彩的外部事实往往可以内化成价值条件。因此，人为中心疗法并不是忽视社会背景，而是视其为融合于个人的体验中，认为"个人离不开政治环境，政治也离不开个人的参与"（Tudor，1996）。从某种程度上讲，这种内化的压迫类似于社会建构主义的观点，即社会权力的不平等往往通过对个人的认可来体现（Sampson，1989）。因此可以认为人为中心疗法是通过提倡个人改变来促使社会发生改变（Perrett，2006），例如当事人克服了压迫性的价值条件，从而影响了他周围的世界。

除了个人治疗实践的社会影响，人为中心疗法继续发展了许多方面来强调社会层面的能力和政治问题（Proctor et al.，2006）。例如，在罗杰斯后期的实践工作中，他对人为中心准则（如先前定义的六个治疗条件）是否可以应用到更大范围内越来越感兴趣，比如社会斗争或政治冲突领域。事实上，他关注世界和平问题，并组织了多次旨在于冲突中寻求交流与合作的研讨会。在类似的一次研讨会上，他说他的目的是创造"一种氛围，从而把人真正视为个人，而不是只看其公务能力……来促进自由表达……用这种方式来增进相互了解，缓解紧张局势和增加良好沟通"（Rogers，1986，cited in Kirshenbaum and Henderson，1990a：460）。因此，他的兴趣是通过对话、相互尊重和共情理解以及明显与他提倡的治疗氛围一致的主题来引起社会变化。许多当代人为中心从业者继续为这个目标努力，比如图多尔和沃洛（Tudor and Worrall，2006）把卡尔·马克思提出的政治概念"异化"和因不一致的个人体验造成的"真实性"的缺乏相联系。

尽管这项工作本身具有紧要性和社会参与性，但是，毫无疑问，究竟有多少人为中心治疗师正在处理能力问题，依然存在很多问题，尤其是关于当事人生活的物质环境（和约束）的问题（Sanders，2006）。其中一个独特的因素就是培训。例如，卡尼（Kearney，1997）提到，人为中心培训课程对力量和社会上的不平等问题缺少关注。她认为，应该加强从业者对于这些问题的意识，从而使他们能够在和当事人共同工作时更具系统性，更为共情，例如识别社会压力对当事人选择的限制作用。然而，目前的状况是，培训的焦点仍在"个人"层面，这在实践中会使人为中心从业者更难以用具有社会意识的方式来看待自己的工作。

专栏8.2　对能力的处理：人为中心议程

能力对任何形式的心理学理论及实践都至关重要，当然也包括人为中心疗法。基于对这点的认知，普罗克特（Proctor）对从业者提出了四条标准，从而让实践工作更为有效。

- 我们不应该忘记涉及治疗师和当事人角色的结构力量。
- 我们不应该隐瞒一致性（或不一致性）状态与个人经历的影响的不平等性。
- 我们旨在理解个人的社会地位。
- 我们自视为（关于能力和自己的潜在压迫的）治疗师。

你认为从业者在对待每位当事人时都满足这四条标准是容易做到的事吗？你认为人为中心治疗师在实践这四条标准时面临的最大挑战是什么？

自我

社会建构主义所批判的第三个主题就是自我。尽管从这个观点来看，在对人为中心疗法进行检验时会涉及大量的问题，但是我们还是应该把注意力主要放到以下三个方面，即自我的独立性、可靠性和一元性。

自我的独立性

正如我们之前探讨的那样，社会建构主义质疑个体是否能够用某种方式从大量背景和人际关系中分离出自己的身份（Wetherell and Maybin，1996）。然而这是许多当代心理学（尤其是西方心理学）的主要设想，通过对大量独立的特点、特性和认知的"个人化"关注，每个人都被视为是从一个环境转移到另一个环境中去（Shotter，1993）。

正如我们所看到的，这个观点的结果之一就是忽视自我的主要体征之一——关联性，这在人为中心"自我"理论中的很多方面都有所反映。其中一个例子就是关于"实现倾向"这一概念的，这个概念指的是个人在自我实现时表现出来的个人动机，诸如独立性和个人动力（Jones，1996）。就像罗杰斯陈述的那样：

> 机体实现本身朝着更大的器官分化和功能性发展……它朝着进一步的自立和自我责任发展……朝着提高自我管理、自我约束和自治能力发展，并且远离外在压力的控制。

基于此，可以认为人为中心疗法采取的是个人化的立场，以之取代之前的强调身份的关联性和相互依赖的重要性的观点（c. f. Wilkins，2003），而着重强调一种自立自主的"自我"。从社会建构主义的观点来看，这还是存在一定的问题的，因为这样的观点忽略了作为身份的主要成分的相关性和前后一致关系（Wetherell and Potter，1992）。此外，该观点倡导个体的自主和超越集体的健康成长，这使得它受到多方面的挑战。

例如，朗干尼（Laungani，1999）认为，独立、个性化的"自我"解决了人为中心疗法中由于亚洲文化差异造成的治疗方法上的不适用问题，特别是来自印度次大陆的国家在文化、家庭、个体身份上界限更是模糊不清。他还认为人为中心疗法在很大程度上忽略了这样的社会群体（不同于西方的群体）基于体验和健康的不同叙述，在这样的环境中将个体的自治和个人的实践放在首要位置是无效的（Laungani，1999：343）。类似的争论还有关注个体自治和独立的治疗方法可能也会导致自私和以自我为中心的情况出现（c.f.McMillan，2004），而并非如预期的那样产生集体责任感和集体关系。

为了强调对人为中心疗法过于关注西方独立个性概念的担心，霍德斯托克（Holdstock，1993）提出了对人为中心概念中"自我"这一概念的重要"修正"。不同于从个体化观点的"自我"和实现倾向加速自治的角度来假定独立自主，他建议采用一种更为相关的理解"自我"的方式，这会与治疗本身更为一致，它的主要作用是保持治疗关系的和谐，克服其中的不一致。确实，这样的观点与咨询和心理治疗领域中的一些主要改变有许多相似之处，正如麦克里奥德所言（McLeod，2004：353）：

> 积极关注个体自我结构的有关治疗方面的话语逐渐被关于结构关联性的话语取代……关联性是每天实际发生在人们身边的事物的基本依据。

根据这样的主张，许多人为中心从业者尝试提出人为中心理论来说明更多有关交互关系的观点（Cooper et al.，2004）。

其中存在两种主要的形式，其一是由米恩斯、库珀（Mearns and Cooper，2005）和施密德（Schmid，2001）等研究者提出的对治疗会心小组的对话的相关理解（见第 4 章），个体被看作是天生与他人便相互依赖，而不是固有的独立"自我"（Bruner，2004）。这种理解就如米恩斯和库珀（Mearns and Cooper，2005：5）所陈述假设的那样：

> 我们根本无法逃避与他人有着这样那样的关系……我们人类最首要的是成为一个"关系个体"……我们不能先以个体的形式存在之后再与他人发生关系，而是……首先与他人同时存在，之后再发展出独立个体的概念。

尽管这样的"自我"观点与罗杰斯所提出的概念截然不同，但它却与人为中心疗法中发展的主体的观点吻合（Barrett-Lennard，2005），也因此被认为是用来论证社会建构主义对于人为中心理论框架迁就融合的有力佐证。

人为中心理论第二个突出的、具有争议的地方是，在实现倾向的观点中，将个体设想为过度独立的"自我"。例如布罗德利（Brodley，1999）认为，实现倾向经常忽略的方面在于其前社会基础，即它促成了人类机能的建设性形式，认为人类本质是相互依赖的，因此与他人建立关系比远离他人更能促进个人成长。这样的社交尺度为米恩斯和桑恩（Mearns and Thorne，2000）所发展，他们提出"自我"中实现倾向的促进服从于"社会调解"的进程，换句话说，对于内在评价可能造成的影响的评估还需考虑来自当事人本身现状的提示。当提示对于个体存在的"生活空间"来说过于危险或极富挑战性时，多种抵抗形式开始显现，比如担心将会发生什么特别形式的改变，或者更多怀疑的直觉经验导致了常见的"踌躇"。此外，这些抵抗也建立了一种反应力，这种反应力是通过尊重现存的关系和环境来缓和实现倾向的。因此，米恩斯和桑恩（Mearns and Thorne, 2000）提出，"实现倾向"的概念应该被现实进程替代，这就需要对与身份相关的环境和关系以及有关变化的进程给予更多的考虑。正如他们提出的（Mearns and Thorne, 2000: 186）：

> 我们理论的提出需要寻求重建一种平衡，在个体的实现倾向和被尊重的社会调解力这二者之间寻求平衡，既不凌驾于其余理论和治疗方法，也不将其作为富有成效的发展阶段或者其他有促进效果的人类事件，鼓励我们不只是进行简单的平衡处理，而是应当在其中注入流动性的观点。

自我的可靠性

社会建构主义所批判的第二个方面，和自我对人为中心的可靠关系的挑战相关联，因为这暗示了人类体验的一个真正或核心维度。例如拉塞尔突出强调了人为中心概念中的机体价值，并认为（Russell, 1999: 5）：

> 在人本主义疗法中，真实"自我"的概念是极为重要的。罗杰斯学派的观点和哲学体系描述了主流人本主义咨询工作中有关"自我"的内在信仰，当人们依托纯粹的现象学体验时可能会发现"自我"是（自己是）最正确的状态，是最和谐的自我。

在之前的几章中，我们已经认识到人为中心疗法的基石之一是机体对自我概念的体验与以之来解决不一致的潜在综合。只有达到一致的状态且机体体验不再否认或曲解时，个体才会遇见其"真正"的体验，就像罗杰斯（Rogers, 1961: 108-

109）认为的："当一个人来到我这里……他开始舍弃虚伪的外表或面具，或者生活中他必须扮演的角色。他努力尝试发现更多本质和真实的自己。"

这样的话往往被视为突出自我可信形式的可能性（和预设），这样也许最终会发现，当价值条件创造的错误"自我"形象被忽略时，应当赞成机体对于"真实"体验的恰当意识。从社会建构主义的角度来看，这种可能性只是错觉，尽管在特定时间里这是生物学机制影响下的体验（Edwards，1997），但这些含义（和身份）毫无疑问都是机体自身的提示或感官产物（如渴睡状态），以及在社交方面的建构。因此，从社会建构主义的角度来看，没有体验的"自我"是最可信的。当然，这样的争论带来的最大破坏体现在人为中心理论（可靠的机体经验的观念）遭到了许多人为中心从业者的强烈质疑。例如穆尔（Moore，2004）整合了东西方的观点来研究前语言的、无条件的"自我"的可能性，将"自我"看作机能上的而非心理上的进程，而"非我"则是纯粹的机体的感觉和体验。盖德林（Gendlin，1964）也主张将真正的"体验性感觉"看作是机体要素。事实上，他提供了一个针对社会建构主义的强烈反证，认为社会背景和人际关系应当优先于"体验性感觉"，他认为："对于当前社会建构的迷恋是错误的。告诉人们他们只是文化、交互作用或者家庭的产物是错误的。每个人体内都有一个独立的个体存在。"在这样的条件下，社会建构主义的批评驳回了有关人类体验真正层面上的这种推想。

自我的一元性

最后一个被社会建构主义质疑的方面是涉及身份的有关单一"自我"（通常称为"一元"）的诸多设想。这种版本的"自我"可视为对罗杰斯（Rogers，1951）的"自我概念"描述的敷衍，罗杰斯将自我描述为总的私人世界的部分，并用"宾我""主我""自身"来识别。因此，"自我概念"作为人为中心理论的最初构想，意味着不考虑环境情况下的个人身份的一致性，被认为通过否认或曲解的进程（或多或少）得以维持。事实上，在这种观点里，这样的矛盾（也就是不一致性）被认为是产生所有心理障碍的根本原因。

从社会建构主义的角度来看，指定一个单一的"自我概念"并不能说明在不同情况下我们构建的"自我"的多样性（Bruner，1990），以及我们因此占有的多元身份。由于这些身份可能提供了自我不同的体验，社会建构主义提出了"多元"的"自我概念"。正如格根（Gergen，1991：16）所提出的，我们生活在一个"多区隔"的状况之中，"每一个关于我们自身的真相都只建立在特定的时刻和特定的关系之上"。

在社会建构主义关于多元自我观点的基础上，我们逐渐认识到，在人为中心理论框架中，将"自我概念"视为多元的，要比将其看作单一实体更为合适（Lyddon，1998）。我们已经做了很多以多元化角度来研究人为中心的"自我"理论方面的工作。例如库珀（Cooper，1999）就认为多元自我并不是新概念，之前罗杰斯本人就曾试图解释当事人体验的"自我概念的剧烈波动"（Rogers，1959：201）。库珀（Cooper，1999）还接着提到，事实上，有关多元自我概念的观点与人为中心理论是并不矛盾的。

在探究那些自我概念与其机体体验明显不相符的个体的各种可能性时，库珀（Cooper，1999）认为可能存在两种情况。首先，正如罗杰斯（Rogers，1951）先前主张的那样，个体可能会否认和曲解那些机体体验以确保不会将其视为自我的一部

第8章 社会建构主义和人为中心疗法

分。其次，库珀（Cooper，1999）接着提出，个体也有可能会彻底地重新构建其自我概念以适应当前特定的环境所引发的机体体验，从而缓解由不一致性带来的紧张状态。后一种情况可以解释人们观点发生转变的方式，正如他下面提到的（Cooper，1999：63）：

> 作为一个只能通过"它不是……"来定义的实体，"自我概念"是连接身份与现实之间的桥梁：这个被格式塔心理学家们认可的构造是可以逆转的……在这样的身份/现实的逆转中，显著的一致性却得以保留。自我和非自我之间的界线也是恒定不变的。唯一的区别只是个体是站在不同的角度上审视问题的。

这样的扩充不仅可以在一定程度上说明在各种变化的环境中个体对抗的"自我概念"的波动情况，也可以延伸用于解释凸显了社会建构主义理解的不同自我的多样性。如凯尔（Keil，1996）就认为可以将自我视为"内在多个个体交互影响的系统进程"，其中每一个都有不同于其他的独特自我概念。她指出，事实上这些都基于最大化的积极关注（和积极的自我关注），任何个体都必须在其身处的多种环境中扮演各种不同的"角色"。因此，许多性质不同的自我随时间而发展进化，其中每一种自我都有其一致和不一致的方面，而其不同能力使得机体可以在任何时候都充分地体验到机体经验的全部。这一观点在日后得到了米恩斯的进一步发展（Mearns，2002；Mearns and Cooper，2005），他认为自我结构的概念还有个实用功能（Mearns，2002：61）。

> 事实上，那些被描述为自我发展的系统定义了适应性的广泛范围。自我可以发展出很多方面或结构，从而用多

种不同的技能来应对不同的社会挑战。个体不是一个单一的自我，而是扮演着多个角色，每种角色都有其相应的表现方式……我们所见的这些具有多样性的自我结构是具有创造力和表现力的，同时也是一个极其复杂的适应系统，可以使个体在不同的环境中表现与自我截然相反却适应当下环境的方面。

专栏8.3　不同自我结构的应对

个体具有多个不同的自我结构这一观点在人为中心从业者的治疗实践中具有显著的实践含义。米恩斯和桑恩（Mearns and Thorne，2000）认为，这包括一些对治疗师的基本要求：

（1）关注当事人的符号化——在当事人反应性理解中，一些结构要比其他结构更为重要。尽管占主导地位的结构可能会意识到其他结构的存在，但是其他的结构却并没有在当事人对自我的反应性理解中被准确地表征或承认。米恩斯和桑恩敦促治疗师仔细倾听当事人是如何谈论他自己的不同结构的，并且不要命名（或重命名）那些不属于当事人当下反应的体验。

（2）避免出现零和反应——不同的结构之间会相互抵消。例如，当事人出现的"停滞"体验可能是由"成长"和"非成长"这两个结构之间的冲突引起的。比起仅仅简单处理这种冲突（停滞）的结果，对结构本身提供共情、一致性和无条件积极关注更为重要。

（3）采取全面关注的立场——这种立场源于"家庭疗法"，即假设不同的结构构成一个"族群"，其中每一个都需要关注、理解、重视和尊重。治疗师不能只重视或"鼓励"

> 其中的一个结构。
>
> （4）完全地意识到自己的结构动力——治疗师应当探求自己的结构，并能认识到这些自我是如何与其他结构及当事人自己的结构相互影响的。如若能够始终对当事人提供共情和无条件积极关注，那么这样的意识意义重大。

人为中心理论和社会建构主义关于自我多元化的另一个方面的争论在于对体验过程的强调。例如，范凯尔曼瑟（Van Kalmathout，1998）注意到，罗杰斯对体验的现象学基础附加了重要性，自我概念只有在当事人重复地视自己为拥有特定特征和属性的"自我"时才能成为人为中心理论的一种建构（Rogers，1959）。当然，该方法的治疗重点还在于当事人此时此刻的体验（特定时候的参照系），这一重点为自我提供了相当大的变动性，也使多元化的身份或自我开始显现（Vahrenkamp and Behr，2004）。事实上，威尔金斯（Wilkins，2003）认为，人为中心的自我理论从来没有以单一的、固定的实体来阐述自我概念，而是以一个整体来阐述个体每时每刻的感觉。因此，像常假设的那样，视自我概念为一个固定的或单一的术语是错误的。相反，他认为："人们描述的自我的性质随着时间的变化而变化……个体的自我是其自己所认为的那样。"（Wilkins，2003：32）因此，对于自我概念的研究始终是一个有待完善的工作，是一种能引起社会建构主义强烈共鸣的观点，也是对任何把自我定义为变动性、多元性和与环境紧密联系的观点的挑战。事实上，沃纳（Warner，in Cooper et al.，2004）认为，使用"当下自我"比"自我"能更准确地概述正在进行的体验进程，以及因此进行的身份间的转换过程。然而，根据人为中心理论，个体对自身机体体验的"开放度"（一致性）越高，就越有可能认识到潜在的自我身份并因此进行身份转换。

本章内容提要

- 社会建构主义对西方心理学的很多方面都持批判的态度。它尤其质疑通过实验方法获取客观事实的可能性。由此产生了有关个体的能力和假设以及单一自我的问题。
- 人为中心疗法受到了社会建构主义的挑战，因为它宣称能提供心理改变的"事实"。然而，强调主观意义上的价值却符合社会建构主义有关客观知识的可能性的观点。
- 社会建构主义强调人为中心疗法所提议的心理障碍的个人化基础。但是它认为，这忽视了可能影响当事人心理健康程度的社会压迫性因素。
- 在社会建构主义看来，人为中心理论中的自我概念是有很大问题的，并从它过于夸大自我的独立性、对可靠体验和关系的假设以及它的初始概念中暗含了一个单一（或一元）的自我概念这三个方面来对其提出质疑。

第 9 章

人为中心从业者的培训

简 介

在这一章中,我们将研究一些与具有心理学背景,并且希望接受人为中心疗法的培训的从业者息息相关的问题。尽管我们花费了大量的时间去探索咨询、心理治疗或者心理咨询方面的相关课题培训,但是其实这些信息随处可得(Bor and Watts, 2006)。因此,本章关注的焦点仅仅是人为中心疗法的培训。

首先,我们将要探索人为中心从业者的培训会涉及哪些方面,简单了解目标课程的不同水平,关注专业"身份"的范围。其次,我们将探讨如何开设人为中心疗法的培训课程,探讨其主要特征和实践方式。在此过程中，我们应该关注人为中心疗法在治疗环境中的"可行性"，比如在英国国家医疗服务系统中的培训实习。这些实习表明，从业者试图从人为中心的视角去工作是非常困难的。因此，大家应该对其进行探究并找到一些可行的应对方法。最后，本章将以人为中心疗法培训课程的筹备和应用内容的调查作结束。

什么是人为中心培训？

不同于一些心理学模型，人为中心的培训的界定是很模糊的。概括而言，其"培训"过程能够促进独特能力的发展和对特定结果的理论理解（Gillon，2002）。但是，以胜任力为基础的模型不承认"人为中心疗法并不是简简单单的一系列技巧，而是涉及哲学层面"的观点。因此，正像罗杰斯自己所声称的，"没有一个学生能够被训练成更不应该被训练成人为中心的从业者"。

在这样的断言中，罗杰斯认为，人为中心从业者需要的素质并不是指轻易就能获得的能力，也就是说，他们仅仅学会某种交往方式或是掌握某种治疗技巧是不行的（尽管这种学习方式对学习各种经验和技巧是必要的），他们在习得和表现方式上还要具有独一无二的品质和态度。因此，学习做一名从业者，方式上没有对错之分。从逻辑上来看，这样的观点暗指，任何试图强迫人为中心从业者接受统一的并决定好过程的培训的努力都是无用的。因为这种规范性的立场降低了个人的独特能力和学习需要，同时还把对结果的决定权交到了外行的手里（Natiello，1998）。这从根本上违反了与人为中心相关的哲学基础原则。

为了培养个人能力以满足需求，许多人为中心的培训课程都试图把发展和检测的过程同个人的自我决定原则和自我评价原则结合起来加以考虑（Mearns，1997）。这并不是一项很容易的工作，尤其是面对行政、教育机构（如高校）日益增长的管理需求以及确保政体严密运转的需要时。因此，在紧要关头，大家的研究项目出现了分化，有些人坚信自我引导原则是人为中心疗法的基础，而另外一些人则更倾向于架构主义的观点，在正式评估工作中给学生在他们经常看似可以胜任的"实践"中的重要方面提供指导。可是，无论结果对哪方更有利，在心理咨询领域内，人为中心的培训都会为从业者的发展提供一个更为透彻的视角。

对人为中心从业者的培训

咨询、心理治疗和心理咨询在过去十几年里日益流行，结果涌现出了无数类型各异但都坚持专业标准和严密框架的培训项目，比如那些与职业教育和培训有关的远程教育，以及专科生、在校大学生、大学毕业生和研究生的水平教育。尽管现在有些课程大量引用了人为中心的理念，但它们都无法成为人为中心疗法的正规培训。这使许多接受这些课程训练的人产生了大量疑惑并深感失望，尤其是当人为中心疗法仅仅关注"整合性"培训项目或"折中"培训项目时（见专栏 9.1）。为了避免走入误区，仔细检查课程涵盖范围与各种资质机构在特定范围中是如何联系的显得非常重要。英国心理咨询与治疗协会发行了大量的刊物，为相应的培训课程和培训形式提供了更多信息。

> **专栏 9.1　人为中心的培训课程和一般的、整合性的或者折中的培训课程是一样的吗？**
>
> 　　不，它们是不一样的。和其他治疗方法（比如心理动力学疗法或者认知行为疗法）的培训课程一样，人为中心疗法有一个非常独特的哲学理念，这反映在其所提供的培训重点和其本质上。有许多培训项目都深受人为中心疗法的影响，但是它们本质上是整合性的或折中的。为了进行人为中心疗法的培训，一个比较明智的做法就是寻找一门课程，其结构要能和人为中心疗法的理论基础及具体实践相一致。英国人为中心疗法协会或者苏格兰人为中心疗法协会可以为这些从业者提供全面的人为中心培训课程。

　　尽管有很多课程可以选择，但是有很多规则使得我们可能仅考虑下面几种人为中心培训课程，它们中的每一个都给从业者提供了不同的视角。

- 培养咨询技巧的项目——有许多旨在培养人为中心咨询技巧的短期课程（例如夜校）。这些课程试图引导和提供对"核心条件"在关爱情境（例如保育）中的基本意识。它们并不包括把个人培训成人为中心从业者的项目，而且很少涉及学术内容。但是，对于学习更多的咨询作用和体验人为中心疗法而言，这种培训可是至关重要的。
- 提供人为中心咨询合格证书的项目——开设一门能提供人为中心疗法合格证书的课程，这是从业者培训项目的常见准备。提供合格证书的课程经常为期一年，非全日制，并且包括从业者培训项目的许多低层次培训。参加这样的课程是一次有用的尝试，也是一种获得人为中心疗法技巧和体验的卓越方式。培训中包括大量的个人研究工作，但并不允许从业者对真正的当事人一起实行咨询。
- 提供人为中心咨询文凭的项目——从业者获得理科硕士文凭或人为中心疗法学位证书，通常就被认为是人为中心咨询的治疗师。个人成功地获得这一学历后，就被认为能够胜任人为中心咨询工作了。尽管没有严格的规定，但是提供文凭的项目包括400～450个小时的培训，而且是将近一年的全日制学习或者是2～3年的非全日制学习。现在对于一些学生来说，在这样的课程中增加对研究项目的实践以拿到理科硕士文凭，已经是习以为常的事情了。如果可以的话，这种方法是值得推荐的。从业者如果既有咨询合格证书又有研究生证书，那么在当前就业市场上就有了较大优势，并且它们能够作为有效评估其研究能力的"证据"。这里有必要指明，并不是所有的提供文凭的培训都是针对本科生或者研究生水平的受训者的培训——对于咨询心理学的从业者来说，这个问题会带来很多困难。
- 关于咨询的高级学位证书/理科硕士学位/博士学位的项目——现在存在着少量的课程，为人为中心从业者提供扩充知识和提高水平的机会，但它们只针对那些在治疗实践和研究中有丰富经验的治疗师开设。

鉴定机构和培训途径

在咨询或者心理咨询领域，有些人认为人为中心咨询治疗师是一个比较安全的职业。尽管提供治疗的工作机会日益增多，但是必须要记住,竞争日趋激烈,雇佣者更倾向于雇佣那些培训和经验都得到相关专业机构(例如英国心理学会)"认证""特许"的从业者。尽管具有心理学背景的人在人才市场上会占有一定优势,但是获得专业机构的正式认可则意味着,作为一个专业从业者,此人不但接受了大量正式的培训,而且还有丰富的经验,因而能够开展有效独立的实践工作。尽管一些有经验的治疗师还没有参加这样的培训认证课程,但是近年来,所有合格的咨询师在一两方面获得认证变得越来越有必要了。现在,关于咨询、心理咨询和心理治疗的法律制定工作已经步入最后的计划阶段,不久之后法律上将要求所有的从业者,像现在的医生、牙医和其他健康专家那样必须得到专业机构的认证。

尽管不同的专业机构都在监督着人为中心从业者,但是每一个机构都只是专攻咨询或心理咨询等心理治疗领域的一个方面。强烈建议任何想要接受人为中心疗法(概括说就是咨询或心理咨询)培训的学生,首先考虑自己所渴望的职业,以此确认最符合自己期望的专业。一旦确定好,合适的职业培训途径就变得清晰了。

具有一定的心理学基础的学生,想成为人为中心从业者,有三种主要的专业可以选择:
- 人为中心咨询顾问;
- 人为中心心理治疗师;
- 心理咨询师。

我们将依次介绍这三种专业。

人为中心咨询顾问

有些同时也是人为中心从业者的心理学家,喜欢把他们自

第9章 人为中心从业者的培训

已认定为专业咨询顾问。迄今为止,对于这些人来说,最受欢迎的专业机构是英国心理咨询与治疗协会(BACP)。该协会现在正运行着一个比较受欢迎的培训课程授权项目,这个项目能够很好地满足标准要求和从业者的需求。由于在心理治疗同心理咨询的区分方面存在着分歧——人为中心疗法还不能明确它们的区别(Wilkins, 2003),这个机构最近更换了其英国心理咨询协会的名字,在后面加了术语"心理治疗",从而满足了从业者把自己视为心理治疗师的愿望。

想要被英国心理咨询与治疗协会"认证",就要完成至少450个小时的核心培训课程和最少450个小时的临床指导实践。临床实践必须不少于3年且不多于5年,而且还必须是紧跟在培训课程中第一次和"真正的"当事人面询之后进行的。培训课程完成之后,还得再进行至少150个小时的临床工作。对于那些希望被授权成为人为中心咨询顾问的人,最好的途径是,先接受人为中心咨询培训,然后再进行深入的临床实习。尽管具有心理学基础的人在人才市场上会得益于其心理学知识,但是咨询顾问并不需要以前学过心理学知识,而且这些知识在某种范围内可能会限制心理专家进一步提升自我。同时,咨询本质上仍然不是一个讲究学历的职业,而这一事实也预示了未来的职业前景、薪资水平。

人为中心心理治疗师

尽管不寻常,但是现在确实只有少量的人为中心(或者称为当事人中心)的培训课程能满足英国心理治疗协会对心理治疗师的注册要求。英国心理治疗协会对心理治疗的定义要比英国心理咨询与治疗协会的定义严格得多，并且它的注册程序更多，培训持续时间更长，受监督的临床实践和治疗实习机会更多。一个之前没有进行过大量临床实践和培训的人为中心从业者从事这样的项目，是非比寻常的。

心理咨询师

可能对于有硕士学位（由英国心理学会授予的学位）的心理学家来说，最受欢迎的培训便是那种能够获得心理咨询师特许证的培训。这种培训有许多优点，至少心理咨询师的受雇机会要比那些咨询顾问或心理治疗师多得多。雇佣者渐渐地把特许心理咨询师与传统意义上的临床心理学（例如英国国家医疗服务系统）结合起来加以考虑，并且有些雇佣咨询顾问和心理治疗师的雇主认为特许咨询师的心理学培训提供了额外价值。这就给心理咨询师在一些雇佣环境中增加了竞争优势（Frankland, 2003）。

特许心理咨询师的培训包括大约 3 年的全日制时间，或者具有相当时间的非全日制时间。有两条培训途径："接受教育"和"独立自学"。在咨询心理学中，"接受教育"的途径是由大学设立正规项目，颁发咨询博士学位（或同等学力学位）。现在在英国，主要是在英国东南部中心地带，大约有十种类似的项目，但是现在有改变的趋势。"独立自学"的途径需要训练者集中起来，完成一个综合性的"培训计划"（包括一个"核心模型"的研究生水平的培训，以及其他专业课程）。它必须提供相应的培训，使受训者达到相应水平，以获得英国心理学会颁发的心理咨询"合格证书"。它包含各种各样的评估要素，具体而言，包括临床个案研究、学术论文、临床实践和一篇研究论文（至少是硕士水平）。心理咨询师一旦被授予合格证书，便具有了从事心理咨询工作的资格。

对于那些在培训过程中想要把人为中心疗法作为核心治疗模型的人而言,"独立自学"是唯一一种能够成为特许心理咨询师的方法。尽管现在有些心理咨询项目包括深层次的人为中心思想,但是没有一种方案能完全包括支持人为中心哲学基础和相互关系的内容。因此,那些致力于人为中心疗法的个体可能更倾向于拿到人为中心疗法的文凭或理科硕士学位,紧接着通过进一步的硕士研究去拿到英国心理学会的资格证。这种方案能够满足英国心理学会的标准(比如硕士学位),强烈建议正在考虑此途径的读者要在尽可能早的阶段通过英国心理学会与心理咨询公司的登记员联系。

尽管希望得到人为中心核心培训的人会尽力采用上述方案,但是对于那些对人本方法或存在主义方法更感兴趣的人来说,他们还有另一种选择,即选择强调这些观点的一门心理咨询课程。正像第5章所探讨的,它们和人为中心疗法有许多共同点,因此在心理治疗方面也强调相似的关系。关于这些项目的详情也可通过英国心理学会获得。

这里要强调的最后一点是,那些已经在英国心理咨询与治疗协会或者英国心理治疗协会注册的咨询顾问或心理治疗师,也可以努力得到心理咨询师合格证。事实上,从业者是多家专业机构的成员是件很普遍的事情。可是必须再次强调,心理咨询在定义上具有整合的专业特性(Clarkson, 1996),这让从业者在将自己视为完全的人为中心从业者方面陷入了两难境地。

人为中心培训的基本要素

正像我们上面所接触到的,提供证书和文凭或更高水平的培训的项目，都有一些主要特征与人为中心疗法的哲学基础相关，即强调从业者的态度对促进当事人改变的重要作用，因而特别强调个人能力的发展和知识经验的积累，以便每个受训者在治疗时间都能丰富发展自己的方法。由于大部分工作都是分组进行的，所以这一系列的课程被看成是一个社会的"缩影"——在这里可以遇见形形色色的人。因此，小组工作被视为一种重要的机制，受训者能够更好地了解自己，了解怎样同他人建立良好的关系，这是作为专业人为中心从业者的重要能力。因此，人为中心培训课程常被视为"治疗团体"（Mearns，1997），而学习如何成为一名人为中心咨询顾问的背景则支持并促进了个人成长愿望的实现，这也巩固了这一项目的基础。这些维度彼此之间是互相联系的。

人为中心培训项目为促进受训者的学习提供了许多不同的机制，下面我们来讨论一些最为常见的机制。

大群体

大群体由整个培训"团体"组成，这里所说的术语"团体"是指培训涉及的所有人，包括受训者、员工等等。这种大群体是指所有培训成员（包括员工）一起探讨培训所涉及的问题。大群体会议为所有人提供了一个开放的论坛，每个人都可以谈自己对培训的想法、自己对他人经历的体验，事实上就是任何与他们相关的事情。希尔（Hill，2002）的一项调查表明，咨询导师认为大群体有以下功能：增进培训成员之间的关系；教导成员用咨询理论指导实践；通过积极地转变人格来增强自我；创造一个探讨社会问题（比如偏见）的微型社会；创建一个个人学习聆听和交流技巧的场所；最后，通过允许组织处理问题来促进该培训健康发展。

由于大群体的规模（最多包括 40 人）、开放性、无组织性、自然性，它倾向于激发成员的强烈感情。对一些人来说，最常见的体验就是无聊，但另一些人则认为是愉快和/或恐惧（Hughes and Buchanan, 2000）。事实上，许多人在面询中（有时会持续一到两个小时）都会体验到许多情感。尽管可能只是出现并静静地坐在椅子上（就像他们经常计划的那样），但也很难保证他们不去关注正在发生的事情。大群体的所有成员都不直接参与任何过程，这显然是不可能的。

对许多人来说，在团体中探究个人问题是一个不容错失的绝佳机会。可是，正如布罗德利和莫瑞（Brodley and Merry, 1995）指出的那样，大群体并不总是提供温和或积极的体验，而且当成员间发生冲突时（经常发生），团体本身就会变得很危险。对于这种体验的学习通常是围绕着以下方面进行的：如何最好地提供建设性的反馈？如何用非对抗的方法来处理批评？在与他人有分歧时，如何保持一个一致的（真实的）立场？

个人发展小组

团体为个人成长提供了很多机会，小规模的个人发展小组同样也满足这一要求。个人发展小组通常是正式培训团体的一部分，并且受培训师或其他人为中心从业者的帮助。它们的主要目的是支持受训者的个人发展，为探讨个人问题提供一个比大群体更亲密、更有深度的场所。它们更像是"治疗小组"，并且它们的咨询内容是保密的。

个人疗法

随着培训的所有方面越来越多地关注个人成长，人为中心培训通常也并不强制性地要求受训者接受个人疗法（以个体形式面询咨询顾问）。事实上，对某些人来说，除非他或她自己觉得有必要，否则是不用接受这种强调自我引导的方法的学习的（Mearns，1997）。不用说，许多受训者确实会在培训时选择个人疗法，而且大部分人（Williams et al.，1999）都认为这是有益的。这里有必要说明的是，尽管人为中心培训对此未作要求，但是任何想要得到心理咨询师合格证的受训者都必须在培训时接受不少于40个小时的个人疗法的学习。

技能培训

人为中心培训课程的一个重要部分是致力于技能的发展，即关注受训者对共情、无条件积极关注和一致性的体验和维持能力，以及在一些课程和经验实践（比如聚焦）中发展相关的方法和技巧。培训的方式是"亲自体验"，即把导师的引导和演示减到最少，确保受训者花最多的时间去提高自身的胜任力。尽管有大量的方式可用来实现这一目的，但最常见的两种方式是角色扮演和与另一个成员做模拟咨询。

角色扮演利用虚拟的场景和"当事人"，为充当咨询师角色的人提供一个机会，让他体验如何进行咨询工作。同样，模拟咨询是一个成员对另一个成员就真实关心的问题进行咨询，它是一种处理"真实生活"障碍和人格的有效方式。这两种方法通常都是3人一组，包括咨询顾问、观察者和当事人。在实践练习中，小组通常会通过反映特定问题或两难境地和共享经验来加强学习。这一过程通常会被录音或摄像，其中一个特定的角色扮演或模拟咨询会被当做基于个体或者甚至基于小组的讨论和探索的基础。

理论和专业问题

对与专业实践相关的理论和对实践因素的不同强调程度，决定了人为中心培训项目的不同。一些是对理论和与人为中心实践相关的专业问题提供了综合性探讨，另一些则更关注维持该方法的经验基础，并且假设存在一种或多或少的"轻微接触"。通常对这种理论和实践问题的探讨在很多方面反映了本书的内容，如人为中心取向的人格理论和疗法，人为中心疗法和其他治疗范式及实践方法的关系，以及人为中心研究传统和一系列与"医学化"背景下的心理实践相关的问题。

治疗实践

除了先前讨论的要素之外，所有人为中心疗法的培训的一个主要方面就是，在临床实习中同真正的当事人一起工作。这应该尽快开始（在提供文凭或更高水平的课程培训之前），以便掌握人为中心的经验，而不是仅有理论。尽管刚开始与真正的当事人一起工作是很困难的，但结果证明，这种经历常常是受益最多的。当然，这也意味着大量的挑战，尤其是对那些在"医学化"观点占统治地位的健康体系下实习的学生来说，更是存在大量挑战。这样的实习很常见，也很重要，因为对于那些想要成为心理咨询师并且要维护他们"心理学家"的身份优势的人来说，在选择使用人为中心疗法时可能会面临更多的挑战。

正如我们在本书中所看到的，人为中心疗法在当代"医学化"观点统治心理学和心理健康领域的情况下,面临着更多的挑战。具体而言,就是人为中心从业者(心理咨询师或其他从业者)的培训、实习或其他的工作,包含了很多挑战,而且在把人为中心疗法应用到实践方面,也无法避免产生一系列困难。下面我们来讨论可能会遇到的一些主要挑战。

一个关于缺陷的主要哲学理念

当代心理咨询和应用心理学实践的基础都是"疾病"模型,而不是"潜能"模型(Sanders, 2005),因此,人为中心从业者应该习惯病理学和精神病学的诊断语言("人格障碍""精神分裂症"等等),而不是强调个人资源和个人力量的语言。米恩斯(Mearns, 2004)认为,大家经常忽略"人类课程"反映了社会渴望使用一种操作化的、症状导向的快速疗法。他认为,这种做法成为下列过程的一部分:越来越受制于媚俗小报及其对于障碍的可怕后果的琐碎的、评判式的叙事的过程。因此,一种控制和处理的需求随着人为中心的实践出现,而不是尝试着理解障碍。

在许多实习环境中,人为中心疗法被高度需要,从业者需要永远保持人为中心准则与治疗需求间的平衡,从而以"诊断"术语理解并讨论"病人"。尽管每位从业者都需要找到一种应对这些周围环境的方式,但其中一种可行的心理机制则是,以人为中心框架来看待其本身的背景,由此,从业者可能希望理解他人使用的假设及语言,同时保持对他或她一致性体验的认知,但从业者可能会这样表达,如,我明白你使用的"病人"这个术语的意思,但是我个人更倾向于使用"当事人"的说法。这种做法肯定需要伦理作出让步,但可能也会引起对话和相互尊重(Sommerbeck, 2005)。

实践的一种"诊断"框架

由于在许多情况下都显然缺少对话和精神病分类,因此希望人为中心的从业者能进行与这种哲学理念相关的治疗实践是再正常不过的了。关于这方面的一个例子就是"评估"面询,其中治疗访谈的目的在于找出当事人的主要障碍,形成心理标准(和诊断),并说明这将如何实践(治疗计划)。正如我们在第6章中所说的,在人为中心观点中,"评估"和"诊断"的概念极具争议性(Wilkins,2005)。尽管现在提议用心理机制来促进人为中心疗法和医学化观点的对话,但是许多医疗健康体系仍然需要已确认的特定"诊断"(通常就精神病分类而言)、书面报告和治疗计划,以及一些对个人哲学及人为中心工作方式折中的过程。

与此相关的是一种常见要求,即充分利用大量定量措施来评估当事人不同治疗时期的机能完善程度。CORE(常规临床结果诊断)就是其中一种典型措施,即用最初的治疗师完成的评估问卷与当事人最后的治疗结果相比较(Barkham et al.,1998)。任何治疗师所引导的评估和评价行为都很难与人为中心强调当事人的主观意义及体验的立场相一致。因此,许多从业者在决定如何最好地进行治疗时都左右为难。

从人为中心角度来看,处理"评估"和诊断行为的相关需求的一种可行方式,可能会视这样的要求为合作练习(Proctor,2005b),即分享当事人的目的,共同协商如何最好地进行治疗,然后再共同实践。这包括:与当事人讨论和他们的障碍(例如抑郁症)相关的"诊断";要求当事人提供自己的书面反馈(信件或报告),以便共同确定治疗目标和治疗计划;尽可能地亲密合作,共同完成结果测量和评定。对当事人来说，这种方法是极其有效的。不同于许多"医学化"方法，这种方法调动了当事人的积极性，让他们在决定自己的障碍和需求，以及决定怎样取得进步的问题上能够积极参与。

使用时间限制

在社会各界，尤其是在医疗健康体系中，人们对治疗服务的需求日益增多。因此，对当事人的面询次数有了限制，通常是8~12次（Purves，2003）。时间限制给人为中心从业者带来了大量的挑战（Thorne，1999）。比如，会使当事人决定自己需求的能力降低，使之无法"处理"自己的障碍，从而无法保持一致性。另外，紧密的人为中心治疗关系的发展，尤其是想达到一定的关系深度（Mearns and Cooper，2005）所需的时间通常要比短期治疗所允许的时间长，因此有可能会降低该方法的有效性。

专栏9.2 短暂的友谊

桑恩（Thorne，1994）认为，只有当事人自己选择使用限时的短期治疗时，这种方法才是可行的。他举了东英格兰大学的一个案例：在给学生当事人提供的治疗选项中，有"聚焦咨询"这一治疗选项。这一咨询包括三次个人面询，并紧跟着进一步的团体工作。桑恩（Thorne，1994：63）认为，这种"短暂的友谊"是很有用的，但它只对以下这些人有效：（1）自我探索的人，认为自己的需求恰好适合采用短期咨询治疗；（2）需要治疗来完成一个高级过程。

对于要求（或期望）用这种方式工作的人为中心从业者来说，除了他们的潜能外，还有许多其他有创造性的选项可供选

择。首先，最重要的是，可以把强迫使用短期治疗当做一个机会而不是一个挑战，可以再次与当事人共同决定怎样治疗最有功效。此种情况下的人为中心工作准则，可以使当事人决定自己的需求，从而在限制时间的治疗环境中选择治疗内容及重点 (Proctor, 2005b)。这个过程并不是治疗开始时的"省略"对话的一部分，而是治疗师对当事人在面询取得进展之后选择关注（或不关注）自身体验的特定方面的担心。当然，在承认当事人所做选择和情境的作用下，治疗师很有可能会强调当事人的自主性，这个过程可能会促进当事人内在化评估源的发展。

对人为中心实践的时间限制所引起的第二种可能，与支持当事人使用"额外治疗"资源相关，比如他现有的支持网络、交际、技能和管理方法。研究证据表明，这种资源实际上是造成治疗结果差异的最重要的变量 (Ahn and Wampold, 2001)。因此，从业者可以通过共情的立场直接对此进行观察，并把这种方法作为治疗的一部分与促进当事人在治疗中（及其后）发生改变的一种方式。这样的立场可能会涉及"为了改变" (Mearns and Thorne, 2000) 的"结构"，向当事人承认这些"结构"的存在，并检查治疗结束后这些"结构"还能为当事人带来什么。

除了这些策略，承认人为中心视个人为可信赖的、资源丰富的、拥有促进个人成长的实现倾向的观点也很重要。因此，尽管人为中心疗法因为强行限制时间而不够完美，但是当事人能够以建设性的方式充分利用资源，从而在有时间限制的人为中心的治疗关系中获得最大好处。而且这是一种建立在一对一的"深度关系"上的经验，即使是在单一接触的基础上，也可能会对今后的经历产生深远的影响 (Mearns and Cooper, 2005)。

对人为中心疗法的误解和误导

181　　人为中心从业者在其框架下面临的最大难题之一是，该疗法会遭到使用其他治疗方法或持其他专业观点的人的误解和诋毁。尽管有许多专业人士对人为中心疗法的作用持积极态度，但还有一些人对此并不十分赞成，原因在于哲学分歧，更直白地讲，是对人为中心疗法的心理基础和复杂度缺少了解。在过去的三十年里，人本主义心理学被边缘化了，主要是因为其哲学理念和实践不符合作为心理干预形式的"效用"和"特定诊断"的要求（Seeman, 2001）。目前医学化、诊断性的观点主导着临床界（Joseph and Worsley, 2005）。因此，人为中心的哲学理念和实践遭到广泛抵制，引起了一些常见的批评和反对意见。这些批评和反对意见，以及如何回答这些问题参见专栏9.3。

专栏9.3　对人为中心疗法的常见批评与反对意见

　　人为中心的治疗只是让当事人感觉"不错"，而不是让他们自己处理自己的问题。

　　那种认为人为中心疗法是让当事人感觉"不错"的观点来自这样的哲学理念：在共情、无条件积极关注的背景下，对当事人要充分信任。这种关注往往能让当事人首次以非防御的方式有意识地承认自己的痛苦感情。对一些当事人来说，还有比使他们放下防御真正承认自己的痛苦更大的挑战吗？

　　无条件积极关注（UPR）是不可能的。它需要从业者接受那些在道义上或个人情感上令人讨厌的事情。

　　对当事人在不同时期提供不同程度的无条件积极关注，这里的无条件指的是一种理想状态，即治疗师尽可能地减少对当事人的要求和评判。高度自我关注的治疗师很少需要去

第9章 人为中心从业者的培训

评判他人,而且使用无条件积极关注的人要比那些使用个人价值条件的治疗师收获多。他们也能因此区别对待不同的行为和个人(Purton,1998)。因此,虽然一个人的性格和行为可能会令人反感,但同时也可能会使人认识到他是一个值得同情或令人尊重的人。无条件积极关注,并不是说所有的行为都是可接受的或有价值的。

人为中心疗法非常被动。当事人需要更多的专家支持和引导,以便帮助他们处理问题。

这里有一个很小的疑虑,就是当事人习惯于被引导,尤其是那些习惯接受医学干预或心理"治疗"的当事人。然而,人为中心疗法需要当事人和从业者建立积极和动态的关系,集中注意力来促使当事人成为一个独立和自我关怀的人。人为中心疗法的治疗师不喜欢以"专家"的姿态凌驾于当事人之上,不会制造一些规范条款(例如心理动力学的从业者)或者通过扮演老师的角色对特定的人进行熟练的管理(例如认知行为疗法的从业者)。人为中心的从业者相信当事人知道自己需要什么,这是与依赖专业技术的方法完全对立的。诚然,关于相信所有人都有建设性的潜能这一点,人为中心疗法并没有错,也不需要道歉。

人为中心疗法不是一种"基于证据"的方法。

就像我们在第7章所讨论的那样,"证据"的本质就是证明某种基于临床试验的心理干预是有效的,但是对于那种强调当事人和治疗师之间的治疗关系,避免人工操作的特定诊断的治疗方法而言,这种模型并不适于对其做出评估。因此,关于人为中心疗法是一种有效的治疗方法的"证据",要远远少于其他常见方法,如CBT。但这并不意味着人为中心疗法就是无效的，仅仅是关于它的"临床的"试验研究很少。这种情况正在逐渐改变，近来许多研究都对人为中心疗法的有效性进行了评估，它们得出了一个结论，即在处理许多障碍（King et al., 2000）上，人为中心疗法和CBT具有同样的效果。因此，人为中心疗法不是"基于证据"因而是无效的这种观点，既是一种误导，又是过时的。

人为中心疗法不适合处理那些复杂的心理障碍。

人为中心疗法确实是不包括精神病的诊断过程的，因此它被认为并不适用于治疗精神病人。然而，这里的问题不在于人为中心疗法，而在于当事人及其障碍的精神病归类。已经有大量的实践是用人为中心思想来应对患有严重心理障碍的当事人（比如前治疗；Prouty et al., 2002）。这为那些接受恰当培训、经验丰富的人为中心从业者治疗这类当事人提供了坚实的框架。然而，和其他心理疗法一样，人为中心疗法也无法应对社会文化环境给个人健康状况带来的众多挑战（Hawtin and Moore, 1998）。因此，对于那些患有严重障碍的当事人，目前的社会关怀方式并不能提供人为中心深度实践，这是一个社会问题，也是一个政治问题，但并不是由人为中心疗法不足以应对复杂心理障碍引起的。

人为中心治疗师，作为心理学的从业者，还不能充分地意识到关于功能的心理理论的作用。

一些人为中心培训确实不能改变心理学的理论探讨范围。这是一个经过深思熟虑的观点，与强调个人关系多于强调抽象理论有关。但是，人为中心疗法有其固有的心理推论，对心理障碍的根源、原因和结果有其一贯的逻辑，为其有效治疗提供一种明确的、经得起试验的方法。在学习人为

> 中心疗法时，从业者可以获得作为人为中心疗法理论基础的
> 实践知识，并在任何有需要的时候把这些知识表达出来。

督导

在治疗当事人的培训实习中，所有的受训者都要接受定期督导，以确保他们的实践是有效的（Dryden et al., 1995）。事实上，在发展和完善主要胜任力的培训课程中，督导还有额外的意义。从人为中心视角而言，督导的主要关注点在于咨询顾问在治疗当事人时的自身资源（例如，维持共情和一致性的能力），而不是对当事人"障碍"的技术（或理论）探究以及如何最佳地治疗他（Patterson，1983）。与人为中心疗法自我引导的哲学保持一致，这种探究经常采用"合作询问"的方式（Merry，1999），即督导者对被督导者使用共情、无条件积极关注和一致性，帮助其处理那些困难的、危及个人的问题，也就是那些会阻碍督导者对当事人无条件积极关注的问题。督导者也要确保实践的伦理性和合适性（Tudor and Worrall，2004），因此，被督导者提出这方面的担忧也是正常的。在培训过程中，每6小时的治疗就有1小时的督导。

除了个人督导，人为中心培训课程还提供同伴团体督导。同伴团体通常由少数受训者（6～10人，外加一个帮助者）组成，让组员探讨他们的治疗工作并接受反馈意见。这样，同伴团体的关注点又回到了受训者在与当事人一起工作时的体验上，而且也经常发现深层的个人问题（这将在小组内或其他地方解决）。同伴团体督导定期举行，许多小组决定安排课程以

外的额外会议,以确保每一个成员关于他与当事人的工作都能被探讨。

尽管许多人为中心培训课程都提供了人为中心督导,但仍然有一些实习需要受训者接受额外的对特定服务的督导。这可能并没有采取人为中心立场(相反,强调心理动力的或认知行为的立场),并且可能给那些更习惯于人为中心疗法的人带来更多挑战。常见的挑战有:督导者对他人的体验做出冷漠和不支持的回应;过分关注当事人的"病理学"特征和个人经历;主要对关系的无意识处理(如移情)感兴趣;对被督导者的个人体验(除非直接关系到特定的当事人)不感兴趣;具有指导性;主要关心当事人的思维模型等等。

对接受人为中心培训的从业者来说,以不同的治疗取向来应对督导,尤其困难。接受一个不能分享自己的治疗理念和处理方法的人的督导会使从业者产生困惑,降低技能。但是,还是有许多方法可以改变这一困境的。

- 与更有经验的人为中心从业者(如果确实有这样的人存在)在实习情况下进行交流。
- 得到课程其他成员的支持。
- 认清你的实习督导者/同伴对人为中心疗法可能有些不确定,因此需要对你的工作哲学理念及方式做一些了解。
- 弄明白对你的工作的评论或批评反映的只是你和督导者的工作方法有区别,而不是能力有区别。
- 最后,对督导者的想法和其他选择要持开放的态度,而不是一味反对。记住,罗杰斯(Rogers, 1957)的治疗理论是为了整合所有不同的观点,而不是把它们排除在外。

学生评估

如何对受训者进行评估，对许多人为中心培训者来说都是一个棘手的问题（Mearns，1994）。一些人认为，人为中心疗法的哲学准则并不适用于外部获得的评估机制，如导师为工作评分，或临床角色扮演的外部观察。然而，经费现状、质量保证、组织需要，事实上也就是不同课程的哲学理念，导致受训者在实践中始终要接受同伴团体和导师不同程度的检查。检查的方式是递交课程实践结果，如当事人案例（辩证评估对当事人的治疗）、过程报告（录制单一咨询会谈并进行辩证评估）和涉及人为中心疗法不同方面的论文。另外一个常见的评估受训者的机制是"自我评估"（Natiello，1998），受训者评估自己对该方法及课程目标的学习情况，不管他是否相信自己符合要求，是否可顺利通过以及为什么。这一过程是通过与同伴团体成员、导师、当事人和通告者进行对话实现的，并由检验者做出最终决定。

为人为中心培训课程做好准备

下面这一点是很重要的：受训者要么具有心理学背景，要么在申请和接受人为中心培训课程之前已经尽可能做好了准备。有许多重要的原因，尤其是因为退出培训会造成大量金钱损失。因此，完全清楚明白以下问题是相当重要的：培训课程对你的职业抱负有什么作用？这一培训如何帮助你取得某一专业"身份"（如特许心理咨询师）？为什么在所有课程中单单选择了这个课程？你选择的课程开始之后，你对此有什么期望？会问这样的问题的人多半是熟悉人为中心框架的大学或学院讲师、毕业生、正在接受培训的受训者、对这一课程负责的导师、所有打算接受培训的人（比如心理咨询部门的记录员），以及所有会受你决定影响的朋友和家人。而且阅读关于咨询、心理治疗及心理咨询培训的建议指导也同样重要。通过以上这些方式，你就有可能避免在错误的环境下做出错误的选择。

专栏 9.4　未来的受训者的常见问题

我应该如何为体验人为中心训练的实习做准备？

专业心理课程与人为中心培训的实践、实验性质相比，更关注理论和相关研究。充满关爱的实践经验或其他咨询技术培训可能为这二者架起了桥梁，也能测验你是否适合从事咨询辅导或心理咨询的工作。人为中心从业者要接受一些个人疗法，并探究培训动机及它如何指导实践。在参加文凭或理科硕士学位课程之前，你可能需要有一些个人的实践经验。

就我个人而言，我是否已准备好接受人为中心辅导训练？

参与人为中心从业者的培训需要个人成熟、敏感，并且坚强。或许个人障碍的主要来源是：由当事人和/或同组成员的关系直接或间接引起的心理障碍（如抑郁症）与先前创伤（如恐吓）。这样的个人"精神包袱"很常见，事实上，它对帮助坚定治疗意志也很重要。但是，在与其他受训者或其他当事人共同工作时，困难体验极有可能会给你保持自己的健康带来挑战，因而确认个人困难体验在治疗课程开始之前已经被探讨也很重要。

对我而言，选择人为中心培训是正确的吗？

在咨询、心理咨询和心理治疗中存在一系列的模型。尽管人为中心疗法是其中最有名的一种，但要确保不要轻易排除其他方法。不同的治疗方法适合不同的人，在确定人为中心疗法最适合你之前还应该充分了解其他方法。

我知道我想要什么样的训练课程，但是我应该怎样成功地申请课程呢？

许多人为中心培训课程的申请过程都有两个阶段，先书面申请再面试。通常课程都要保证参与者来自不同背景，因此很难预测什么因素会使申请成功。但是，下面的标准很有可能影响你的申请：

- 对咨询有明显的兴趣，例如成功地完成了咨询技巧或心理咨询的培训。
- 体验对他人的关心，比如当过志愿者或有关爱他人的责任感。
- 想法成熟，与年龄无关。
- 通过自己或自己的关系，了解人为中心咨询辅导的安排，并对培训中的要求充满认同感。
- 不用过于防御的方式谈论自己，包括自己的动机和个人的困难。
- 明显为自我反思及开放性的学习做好了准备。
- 体验过与小组其他成员的关系。
- 明确期望自己能在咨询或心理咨询方面变得专业，而不是把培训课程当做自我发展的一种手段。
- 有足够的经济实力支持这个项目课程。

- 有能力满足这个课程的专业需求,尤其是理科硕士水平的课程。

如果我的课程申请被驳回,我该怎么做?

人为中心培训机构驳回你的申请是很正常的。这通常是因为申请的人过多,但有时是因为培训机构认为你目前还没准备好接受这样的培训。如果你的申请最终被驳回,不管是在申请后还是在面试后,你都应该去询问驳回的原因。找到被拒绝的原因有助于你对未来有个定位,或者有助于你考虑应该做的事情。

一旦被接受,我该如何为课程做准备?

一旦获得了参与课程的机会,就要尽可能地根据课程的要求做准备。必须确保你身体和心理状况良好,并确保在课程开始前已经处理好所有的实际问题,如财政、住处、家庭问题。尽可能早地确定任何需要的实习安排或督导安排也相当有用。

下一步

在这一章我们已经探讨了一些与人为中心疗法的从业者培训相关的主要问题。不用说,我们只是简单地探讨了一点,因此强烈建议读者私下再多些"家庭作业",以便应对培训课程的要求。另外,还应该尽快与专业机构联系,越早越好,以便确保高速发展的法律体系自这部著作写成之后没有改变。

尽管这章为人为中心潜在的受训者提供了一些警告条例,但也必须记住,人为中心疗法是最有深度、最有价值的心理实践方式。对人为中心培训不要浅尝辄止,因为它不但是个人需

第 9 章　人为中心从业者的培训

求，也是专业挑战，而且毫无疑问将会改变你的生活。

本章内容提要

- 人为中心疗法有其独特的哲学理念，这反映在它的培训项目上。强调个人发展是发展共情、无条件积极关注和一致性的基础。
- 有许多提供文凭或理科硕士学位的人为中心疗法专业培训课程。还有一些较低水平的课程，比如提供合格证书的课程，它并不能把从业者培训成人为中心治疗师。
- 个人应该致力于成为人为中心咨询顾问、人为中心治疗师或者合格的心理咨询师。对获取这些"身份"的培训有不同的方式。
- 人为中心培训课程是"治疗团体"，课程成员从事关于个人发展的活动。这个过程的关键是团体合作。
- 更为"医学化"的立场给那些想用人为中心疗法治疗当事人的从业者带来了更多的挑战。处理这一情况的一个常见方式就是，在情况允许的范围内尽可能地和当事人共同合作。
- 对于任何一个受训者或者潜在的受训者来说，为实际的人为中心疗法做准备都是一项重要的任务。

附注

苏格兰的咨询顾问也可以选择加入苏格兰咨询和心理治疗协会（COSCA）。

参考文献

Ahn, H., & Wampold, B. (2001). Where oh Where are the Specific Ingredients: A meta-analysis of component studies in counselling and psychotherapy. *Journal of Counselling Psychology, 48*, 251–257.

Assagioli, R. (1965). *Psychosynthesis: A manual of principles and techniques.* New York: Hobbs, Doorman and Company.

APA (American Psychiatric Association), (1951). *Diagnostic and Statistical Manual.* Washington DC: American Psychiatric Asociation.

APA (American Psychiatric Association), (1994). *Diagnostic and Statistical Manual of Mental Disorders (4th Ed.).* Washington DC: American Psychiatric Association.

APA (American Psychiatric Association), (1995). *Template for Developing Guidelines: Interventions for mental disorders and psychosocial aspects of physical disorders.* Washington DC: American Psychological Association.

APA (American Psychiatric Association), (2000). *Diagnostic and Statistical Manual of Mental Disorders – text revision (4th ed).* Washington DC: American Psychiatric Association.

Baker, N. (2004). Experiential Person-Centred Therapy. In P. Sanders (Ed.), *The Tribes of the Person-Centred Nation.* Ross-on-Wye: PCCS Books.

Barkham, M., & Barker, C. (2003). Establishing Practice-Based Evidence for Counselling Psychology. In R. Woolfe, W. Dryden & S. Strawbridge (Eds.), *Handbook of Counselling Psychology.* London: Sage.

Barkham, M., Margison, F., Evans, C., McGrath, G., Mellor-Clark, J., Milne, D., Connel, J. (1998). The Rationale for Developing and Implementing Core Outcome Batteries for Routine Use in Service Settings and Psychotherapy Outcome Research. *Journal of Mental Health, 7*(1), 35–47.

参考文献

Barrett-Lennard, G. T. (1962). Dimensions of Therapist Response as Causal Factors in Therapeutic Change. *Psychological Monographs, 76*(43, whole no. 562).
Barrett-Lennard, G. T. (1981). The Empathy Cycle: Refinement of a nuclear concept. *Journal of Counselling Psychology, 28,* 91–100.
Barrett-Lennard, G. T. (1984). Understanding the Person-Centred Approach to Therapy: A reply to questions and misconceptions. In D. McDuff & D. Coghlan (Eds.), *The Person-Centred Approach and Cross Cultural Communication: An international review volume II.* Dublin: Centre for Cross-Cultural Communication.
Barrett-Lennard, G. T. (1998). *Carl Rogers' Helping System: Journey and Substance.* London: Sage.
Barrett-Lennard, G. T. (2005). *Relationship at the Centre: Healing in a Troubled World.* London: Whurr.
Beck, A. (1967). *Depression: Clinical, experimental and theoretical aspects.* New York: Hoeber.
Beck, J. S. (1995). *Cognitive Therapy: Basic and Beyond.* New York: Guilford.
Bentall, R. P. (2004). *Madness Explained: Psychosis and human nature.* Harmondsworth: Penguin.
Berne, E. (1968). *Games People Play.* Harmondsworth: Penguin.
Biermann-Ratjen, E. M. (1996). On the Way to a Person-Centred Psychopathology. In R. Hutterer, G. Pawlowsky, P. F. Schmid & R. Stipsis (Eds.), *Client-Centred and Experiential Psychotherapy: A paradigm in motion* (pp. 11–24). Frankfurt: Peter Lang.
Biermann-Ratjen, E. M. (1998). On the Development of Persons in Relationships. In B. Thorne & E. Lambers (Eds.), *Person-Centred Therapy: A European perspective.* London: Sage.
Blackburn, I. M., & Davidson, K. (1995). *Cognitive Therapy for Anxiety and Depression.* Oxford: Blackwell.
Bohart, A. C. (1982) Similarities Between Cognitive and Humanistic Approaches to Psychotherapy. *Cognitive Therapy and Research, 6*(3), 245–249.
Bohart, A. C., Elliot, R., Greenberg, L. S., & Watson, J. C. (2002). Empathy. In J. C. Norcross (Ed.), *Psychotherapy Relationships that Work* (pp. 89–108). Oxford: Oxford University Press.
Bohart, A. C., & Greenberg, L. S. (1997). *Empathy Reconsidered: New directions in psychotherapy.* Washington DC: American Psychological Association.
Bohart, A. C., O Hara, M., & Leitner, L. M. (1998). Empirically Violated Treatments: Disenfranchisement of humanistic and other therapies. *Psychotherapy Research, 8*(2), 141–157.
Bor, R., & Watts, M. (2006). *The Trainee Handbook: A guide for trainee counsellors and psychotherapists (2nd Ed).* London: Sage.
Boss, M. (1979). *Existential Foundations of Medicine and Psychology.* New York: Jason Aronson.
Bowlby, J. (1969). *Attachment.* New York: Basic Books.
Bown, O. H. (1954). *An Investigation of Therapeutic Relationship in Client-Centred Psychotherapy.* Unpublished PhD, University of Chicago, Chicago.
Boy, A., Seeman, J., Schlien, J. M., Fischer, C., & Cain, D. (1989/2002). Symposium of Psychodiagnosis. *Person-Centred Review, 4,* 132–182.
Bozarth, J. D. (1984). Beyond Reflection: Emergent modes of empathy. In R. F. Levant & J. M. Schlien (Eds.), *Client-Centred Therapy and the Person-Centred Approach: New directions in theory, research and practice* (pp. 59–75). London: Praeger.
Bozarth, J. D. (1993). Not Necessarily Necessary but Always Sufficient. In D. Brazier (Ed.), *Beyond Carl Rogers.* London: Constable.
Bozarth, J. D. (1996a). Client-Centered Therapy and Techniques. In R. Hutterer,

G. Pawlowsky, P. F. Schmid & R. Stipsis (Eds.), *Client-Centered and Experiential Therapy: A Paradigm in Motion*. Frankfurt am Main: Peter Lan.
Bozarth, J. D. (1998). *Person-centred Therapy: A revolutionary paradigm*. Ross-on-Wye: PCCS Books.
Bozarth, J. D. (2001). An Addendum to Beyond Reflection: Emergent Modes of Empathy. In S. Haugh & T. Merry (Eds.), *Rogers' Therapeutic Conditions, Evolution, Theory and Practice: Empathy*. Ross-on-Wye: PCCS Books.
Bozarth, J. D., (2002). Empirically Supported Treatment: Epitome of the specificity myth. In J. C. Watson, R. Goldman & M. S. Warner (Eds.), *Client-Centred and Experiential Psychotherapy in the 21st Century: Advances in theory, research and practice.* Ross-on-Wye: PCCS Books.
Bozarth, J. D., & Brodley, B. T. (1991). Actualisation: A functional concept in client-centred psychotherapy. *Journal of Social Behaviour and Personality, 6*(5), 45–59.
Bozarth, J. D., Zimring, F., & Tausch, R. (2001). Client-Centred Therapy: The evolution of a revolution. In D. Cain & J. Seeman (Eds.), *Humanistic Psychotherapies*. Washington DC: American Psychological Association.
Bozarth, J. D., & Motomasa, N. (2005). Searching for the Core: The interface of client-centred principles with other therapies. In S. Joseph & R. Worsley (Eds.), *Person Centred Psychopathology: A positive psychology of mental health*. Ross-on-Wye: PCCS Books.
Brandt, D. (1981). *Becoming a writer*. New York: Jeremy P. Tarcher.
Brazier, D. (1993). The Necessary Condition is Love: Going beyond self in the person-centred approach. In D. Brazier (Ed.), *Beyond Carl Rogers*. London: Constable.
Breggin, P. (1993). *Toxic Psychiatry*. London: Harper Collins.
Brodley, B. T. (1990). Client-Centred and Experiential: Two different therapies. In G. Lietaer, J. Rombouts & R. Van Balen (Eds.), *Client-Centred and Experiential Therapy in the Nineties*. Leuven: Leuven University Press.
Brodley, B. T. (1996). Empathic Understanding and Feelings in Client-Centred Therapy. *The Person-Centred Journal, 3*(1), 22–30.
Brodley, B. T. (1997a). The Non-Directive Attitude in Client-Centred Therapy. *Person-Centred Review, 4*, 18–30.
Brodley, B. T. (1997b). Concerning 'Transference', Counter-Transference and Other Psychoanalytically-Developed Concepts from a Client-Centred Perspective. *Renaissance, 9*(2).
Brodley, B. T. (1998). Congruence and its Relation to Communication in Client-Centred Therapy. *The Person-Centred Journal, 5*(2), 83–106.
Brodley, B. T. (1999). About the Non-Directive Attitude. *Person-Centred Practice, 7*(2), 79–82.
Brodley, B. T. (2001). Observations of Empathic Understanding in a Client-Centred Practice. In S. Haugh & T. Merry (Eds.), *Rogers' Therapeutic Conditions, Evolution, Theory and Practice: Empathy*. Ross-on-Wye: PCCS Books.
Brodley, B. T. (2005). Client-Centred Values Limit the Application of Research Findings–An issue for discussion. In S. Joseph & R. Worsley (Eds.), *Person-Centred Psychopathology: A positive psychology of mental health*. Ross-on-Wye: PCCS Books.
Brodley, B. T. (2006). Non-directivity in Client-Centred Therapy. *Person-Centred and Experiential Psychotherapies, 5*(1), 36–52.
Brodley, B. T., & Merry, T. (1995). Guidelines for Student Participants in Person-Centred Peer Groups. *Person-Centred Practice, 3*(2), 17–22.
Brodley, B. T., & Schneider, K. J. (2001). Unconditional Positive Regard as Communicated Through Verbal Behaviour in Client-Centred Therapy. In J. Bozarth & P. Wilkins (Eds.), *Unconditional Positive Regard: Evolution, theory and practice*. Ross-on-Wye: PCCS Books.

Bruner, J. (1990). *Acts of Meaning*. Cambridge, MA: Harvard University Press.
Bruner, J. (2004). The Narrative Creation of Self. In L. Angus & J. McLeod (Eds.), *Handbook of Narrative and Psychotherapy*. London: Sage.
Bryant-Jeffries, R. (2005). *Counselling for Eating Disorders in Men: Person-centred dialogues*. Oxford: Radcliffe.
Buber, M. (1958). *I and Thou*. Edinburgh: T&T Clarke.
Bugenthal, J. F. T. (1964). The Third Force in Psychology. *Journal of Humanistic Psychology*, 4(1), 19–25.
Burr, V. (1995). *An Invitation to Social Construction*. London: Routledge.
Burton, M., & Davey, T. (2003). The Psychodynamic Paradigm. In R. Woolfe, W. Dryden & S. Strawbridge (Eds.), *Handbook of Counselling Psychology*. London: Sage.
Cain, D. (1993). The Uncertain Future of Client-Centred Counselling. *Journal of Humanistic Consulting and Development*, 31, 133–139.
Cain, D. (2001). Defining Characteristics, History and Evolution of Humanistic Psychotherapies. In D. Cain & J. Seeman (Eds.), *Humanistic Psychotherapies*. Washington DC: Americal Psychological Association.
Cameron, R. (1997). The Personal is Political: Re-reading Rogers. *Person-Centred Practice*, 5(2), 16–20.
Chambless, D. L. (1996). In Defence of Empirically Supported Psychological Interventions. *Clinical Psychology: Science and Practice*, 3, 230–235.
Chambless, D. L. & Hollon, S. D. (1998). Defining Empirically Supported Therapies. *Journal of Consulting and Clinical Psychology*, 66, 7–18.
Clarke, K. M. (1993). Creation of Meaning in Incest Survivors. *Psychotherapy*, 28, 139–148.
Clarkin, J. F., & Levy, K. N. (2004). The Influence of Client Variables on Psychotherapy. In M. J. Lambert (Ed.), *Handbook of Psychotherapy and Behaviour Change*. Wiley: New York.
Clarkson, P. (1996). The Eclectic and Integretive Paradigm. In R. Woolfe & W. Dryden (Eds.), *Handbook of Counselling Psychology*. London: Sage.
Cooper, M. (1999). If You Can't be Jekyll be Hyde: An existential-phenomenological exploration of lived plurality. In J. Rowan & M. Cooper (Eds.), *The Plural Self* (pp. 51–70). London: Sage.
Cooper, M. (2001). Embodied Empathy. In S. Haugh & T. Merry (Eds.), *Empathy* (pp. 218–229). Ross-on-Wye: PCCS Books.
Cooper, M. (2002). *Existential Therapies*. London: Sage.
Cooper, M. (2003). Between Freedom and Despair: Existential challenges and contributions to person-centred and experiential therapy. *Person-Centred and Experiential Psychotherapies*, 2(2), 43–56.
Cooper, M. (2004). Existential Appproaches to Therapy. In P. Sanders (Ed.), *The Tribes of the Person-Centred Nation*. Ross-on-Wye: PCCS Books.
Cooper, M., Mearns, D., Stiles, W. B., Warner, M. S., & Elliot, R. (2004). Developing Self-Pluralistic Perspectives within Person-Centred and Experiential Psychotherapies: A round table dialogue. *Person-Centred and Experiential Psychotherapies*, 4(1), 176–191.
Coulson, A. (1995). The Person-Centred Approach and the Reinstatement of the Unconscious. *Person-Centred Practice*, 3(2), 7–16.
Crits-Christoph, P., & Mintz, J. (1991). Implications of Therapist Effects for the Design and Analysis of Comparative Studies of Psychotherapies. *Journal of Clinical and Consulting Psychology*, 59, 20–26.
Cromby, J. (2004). Depression: embodying social inequality. *Journal of Critical Psychology, Counselling and Psychotherapy*, 4(3), 176–186.

Davy, J., & Cross, M. (2004). *Barriers, Defences and Resistance*. Milton Keynes: Open University Press.
Diamond, B. (2004). Expert-tease: The rise and rise of psychology. *Journal of Critical Psychology, Counselling and Psychotherapy, 4*(4), 242–246.
DoH (2001). *Treatment Choice in Psychological Therapies and Counselling: Evidence Based Clinical Practice Guidelines*. London: Department of Health.
Dryden, W. (2002). Rational-Emotional Behaviour Therapy. In W. Dryden (Ed.), *Handbook of Individual Therapy*. London: Sage.
Dryden, W., Horton, I., & Mearns, D. (1995). *Issues in Professional Counsellor Training*. London: Cassell.
Dymond, R. F. (1954). Adjustment Changes Over Therapy from Self-sorts. In C. R. Rogers & R. F. Dymond (Eds.), *Psychotherapy and Personality Change*. Chicago, IL: University of Chicago Press.
Eckert, J., & Wuchner, M. (1996). Long-Term Development of Borderline Personality Disorder. In R. Hutterer, G. Pawlowsky, P. F. Schmid & R. Stipsis (Eds.), *Client-Centred and Experiential Psychotherapy : A paradigm in motion*. Frankfurt am Main: Peter Lang.
Edwards, D. (1997). *Discourse and Cognition*. Sage: London.
Egan, G. (1998). *The Skilled Helper*. New York: Brooks Cole.
Ellingham, I. (1999). Carl Rogers' 'Congruence' as an Organismic, not a Freudian, Concept. *The Person-Centred Journal, 6*(2), 121–140.
Ellingham, I. (2002). Foundation for a Person-Centred Humanistic Psychology and Beyond: The nature and logic of Carl Rogers' 'formative tendency'. In J. C. Watson, R. Goldman & M. S. Warner (Eds.), *Client-Centred and Experiential Psychotherapy in the 21st Century*. Ross-on-Wye: PCCS Books.
Elliott, R. (1998). Editor's Introduction: A guide to the empirically supported treatments controversy. *Psychotherapy Research, 8*(2), 115–125.
Elliott, R. (2001a). The Effectiveness of Humanistic Therapies: A meta-analysis. In D. Cain & J. Seeman (Eds.), *Humanistic Psychotherapies*. Washington DC: American Psychological Association.
Elliott, R. (2001b). Hermeneutic Single-Case Efficacy Design: An overview. In K. J. Schneider, J. F. T. Bugenthal & J. F. Pierson (Eds.), *The Handbook of Humanistic Therapies*. Thousand Oaks, CA: Sage.
Elliott, R. (2002). Render unto Caesar: Quantitative and qualitative knowing in research on humanistic therapies. *Person-Centred and Experiential Psychotherapies, 1*(1 & 2), 102–117.
Elliott, R., & Greenberg, L. S. (2001). Process-Experiential Psychotherapy. In D. Cain & J. Seeman (Eds.), *Humanistic Psychotherapy*. Washington, DC: American Psychological Association.
Elliott, R., Greenberg, L. S., & Lietaer, G. (2004). Research on Experiential Psychotherapies. In M. J. Lambert (Ed.), *Bergin and Garfield's Handbook of Psychotherapy and Behaviour Change, (5th Ed)*. New York: Wiley.
Elliott, R., Suter, P., Manford, J., Radpour-Markert, L., Siegel-Honson, R., Layman, C., & Davis, K. (1995). A Process-Experiential Approach to Post-Traumatic Stress Disorder. In R. Hutterer, G. Pawlowsky, P. F. Schmid & R. Stipsis (Eds.), *Client-Centred and Experiential Psychotherapy*. Frankfurt am Main: Peter Lang.
Ellis, A. (1994). *Reason and Emotion in Psychotherapy: Revised edition*. New York: Carol Publishing.
Ellis, A. (2004). *The Road to Tolerance: The philosophy of rational-emotive behaviour therapy*. Amherst, NY: Prometheus Books.
Embleton-Tudor, L., Keemar, K., Tudor, K., Valentine, J., & Worrall, M. (2004). *The Person-Centred Approach: A contemporary introduction*. Basingstoke: Palgrave

参考文献

Macmillian.
Evans, R. I. (1975). *Carl Rogers: The man and his ideas*. New York: Dutton.
Farber, B. A., & Lane, J. S. (2002). Positive Regard. In J. C. Norcross (Ed.), *Psychotherapy Relationships That Work* (pp. 175-194). Oxford: Oxford University Press.
Ford, J. G. (1991). Rogerian Self-Actualisation: A clarification of meaning. *Journal of Humanistic Psychology, 31*(3), 101-111.
Foucault, M. (1974). *The Archaeology of Knowledge*. London: Tavistock.
Frankl, V. E. (1984). *Man's Search for Meaning*. New York: Washington Square Press.
Frankland, A. (2003). Counselling Psychology: The next ten years. In R. Woolfe, W. Dryden & S. Strawbridge (Eds.), *Handbook of Counselling Psychology*. London: Sage.
Frankland, A., & Walsh, Y. (2005). Talking Point: Division of counselling psychology 10th anniversary. *Counselling Psychology Review, 20*(4), 45-47.
Freeman, R. (1999). A Psychodynamic Understanding of the Dentist-Patient Interaction. *British Dental Journal, 186*(10), 503-507.
Freeth, R. (2004). A Psychiatrist's Experience of Person-Centred Supervision. In K. Tudor & M. Worrall (Eds.), *Freedom to Practise: Person-centred approaches to supervision*. Ross-on-Wye: PCCS Books.
Freier, E. (2001). Unconditional Positive Regard: The distinctive feature of client-centred therapy. In J. Bozarth & P. Wilkins (Eds.), *Unconditional Positive Regard: Evolution, theory and practice*. Ross-on-Wye: PCCS Books.
Freud, S. (1938). *An Outline of Psychoanalysis Vol. 16*. London: Penguin.
Geller, J. D., & Gould, E. (1996). A Contemporary Psychoanalytic Perspective: Rogers' brief psychotherapy with Mary Jane Tilden. In B. A. Farber, D. C. Brink & P. M. Raskin (Eds.), *The Psychotherapy of Carl Rogers: Cases and commentary*. New York: Guilford Press.
Gendlin, E. T. (1964). A Theory of Personality Change. In P. Worchel & D. Byrne (Eds.), *Personality Change*. New York: John Wiley.
Gendlin, E. T. (1974). Client-centred and Experiential Psychotherapy. In D. Wexler & L. N. Rice (Eds.), *Innovations in Client-Centred Therapy*. New York: Wiley.
Gendlin, E. T. (1978). *Focusing*. New York: Everest House.
Gendlin, E. T. (1996). *Focusing-orientated Psychotherapy: A manual of the experiential method*. New York: Guilford Press.
Gergen, K. (1991). *The Saturated Self: Dilemmas of identity in contemporary life*. New York: Basic Books.
Gergen, K. (1999). *An Invitation to Social Construction*. London: Sage.
Gilbert, P. (1992). *Counselling for Depression*. London: Sage.
Gillon, E. (2002). Do We Need to do More? Counselling Training and the Processes of Social Exclusion. *Counselling and Psychotherapy Journal, 13*(3).
Giovalolias, T. (2004). The Therapeutic Relationship in Cognitive Behavioural Therapy. *Counselling Psychology Review, 19*(2), 14-20.
Golsworthy, R. (2004). Counselling Psychology and Psychiatric Classification. *Counselling Psycholohgy Review, 19*(3). 23-29.
Goss, S., & Mearns, D. (1997). A Call for a Pluralistic Epistemological Understanding in the Assessment and Evaluation of Counseling. *British Journal of Guidance and Counselling, 25*(2), 189-198.
Grafanaki, S. (2001). What Counselling Research has Taught us About the Concept of Congruence: Main discoveries and unresolved issues. In G. Wyatt (Ed.), *Congruence*. Ross-on-Wye: PCCS Books.
Grant, B. (1990). Principled and Instrumental Non-Directiveness in Person-Centred and Client-Centred Therapy. *Person-Centred Review, 5*(1), 77-88.
Grant, B. (2004). The Imperative of Ethical Justification in Psychotherapy: The special

case of client-centred therapy. *Person-Centred and Experiential Psychotherapies*, *3*(3), 152–165.
Greenberg, L. S., & Geller, S. M. (2001). Congruence and Therapeutic Presence. In G. Wyatt (Ed.), *Congruence*. Ross-on-Wye: PCCS Books.
Greenberg, L. S., Rice, L. N., & Elliot, R. (1993). *Facilitating Emotional Change: The moment by moment process*. New York: Guilford Press.
Greenberg, L. S., & Watson, J. C. (1998). Experiential Therapy of Depression: Differential effects of client-centred relationship conditions and process experiential interventions. *Psychotherapy Research, 8*(2), 210–224.
Greenberg, L. S., Watson, J. C., & Goldman, R. (1996). Change Processes in Experiential Therapy. In R. Hutterer, G. Pawlowsky, P. F. Schmid & R. Stipsis (Eds.), *Client-Centred and Experiential Psychotherapy: A paradigm in motion* (pp. 35–45). Frankfurt am Main: Peter Lang.
Guthrie Ford, J. (1991). Rogerian Self-Actualisation: A Clarification of Meaning. *Journal of Humanistic Psychology, 31*, 101–111.
Haugh, S. (2001). The Difficulties in the Conceptualisation of Congruence: a way forward with complexity theory. In G. Wyatt (Ed.), *Rogers' Therapeutic Conditions, Evolution, Theory and Practice. Volume 1: Congruence* (pp. 62–67). Ross-on-Wye: PCCS Books.
Hawtin, S., & Moore, J. (1998). Empowerment or Collusion? The social context of person-centred therapy. In B. Thorne & E. Lambers (Eds.), *Person-Centred Therapy: A European perspective* London: Sage.
Henry, W. P. (1998). Science, Politics and the Politics of Science. *Psychotherapy Research, 8*(2), 126–140.
Hill, A. (2002). Lets Stay and Hate: The role of community meetings on counsellor training courses. *Counselling and Psychotherapy Research, 2*(4), 215–221.
Holdstock, L. (1993). Can we Afford not to Revise the Person-Centred Concept of Self. In D. Brazier (Ed.), *Beyond Carl Rogers*. London: Constable.
Hollanders, H. E. (2000). Eclecticism/Integration: Some key issues and research. In S. Palmer & R. Woolfe (Eds.), *Integrative and Eclectic Counselling and Psychotherapy*. London: Sage.
Horvath, A. O. & Bedi, R. P. (2002). The Alliance. In J. C. Norcross (Ed.), *Psychotherapy Relationships that Work: Therapist Contributions and Responsiveness to Patients*. New York: Oxford University Press.
Hughes, R., & Buchanan, L. (2000). *Experiences of Person-Centred Counselling Training*. Ross-on-Wye: PCCS Books.
Husserl, E. (1977). *Phenomenological Psychology*. The Hague: Nijhoff.
Jacobs, M. (2005). *The Presenting Past*. Milton Keynes: Open University Press.
Johnson, L. (2000). *Users and Abusers of Psychiatry: A critical look at psychiatric practice*. London: Routledge.
Johnson, S. M. (1994). *Character Styles*. New York: Norton.
Jones, M. (1996). Person-Centred Theory and the Post-Modern Turn. *Person-Centred Practice, 4*(2), 19–26.
Joseph, S. (2004). Client-centred Therapy, Post-traumatic Stress Disorder and Post-traumatic Growth: Theory and Practice. *Psychology and Psychotherapy: Theory, Research, and Practice, 77*, 101–120.
Joseph, S., & Worsley, R. (2005). Psychopathology and the Person-Centred Approach: Building bridges between disciplines. In *Person-Centred Psychopathology: A positive psychology of mental health*. Ross-on-Wye: PCCS Books.
Jung, C. G. (1963). *Memories, Dreams, Reflections*. London: Routledge and Kegan Paul.
Kahn, E. (1999). A Critique of Non-Directivity in the Person-Centred Approach. *Journal

of Humanistic Psychology, 39(4), 94–110.
Kang, S., Kok, P. G., & Bateman, A. (2005). Case Formulation in Psychotherapy: Revitalizing Its Usefulness as a Clinical Tool. Academic Psychiatry, 29: 289–292.
Keil, S. (1996). The Self as a Systematic Process of 'Inner Persons'. In R. Hutterer, G. Pawlowsky, P. F. Schmid & R. Stipsis (Eds.), Client-Centred and Experiential Psychotherapy: A paradigm in motion (pp. 53–66). Frankfurt am Main: Peter Lang.
King, M., Sibbbald, B., Ward, E., Bower, P., Lloyd, M., & Gabbay, M. (2000). Randomised Controlled Trial of Non-Directive Counselling, Cognitive Behaviour Therapy and Usual General Practitioner Care in the Management of Depression as well as Mixed Anxiety and Depression in Primary Care. British Medical Journal (321), 1383–1388.
Kirschenbaum, H. (1979). On Becoming Carl Rogers. New York: Dell.
Kirschenbaum, H., & Henderson, V. L. (Eds.). (1990a). The Carl Rogers Reader. London: Constable.
Kirschenbaum, H., & Henderson, V. L. (Eds.). (1990b). Carl Rogers Dialogues. London: Constable.
Klein, M. (1957). Envy and Gratitude. New York: Basic Books.
Klein, M. H., Kolden, G. G., Michels, J. L., & Chisholm-Stockard, S. (2002). Congruence. In J. C. Norcross (Ed.), Psychotherapy Relationships That Work (pp. 195–215). Oxford: Oxford University Press.
Kramer, R. (1995). The Birth of Client-Centred Therapy: Carl Rogers, Otto Rank and 'the beyond'. Journal of Humanistic Psychology, 35(4), 54–110.
Lambers, E. (1994). Person-Centred Psychopathology. In D. Mearns (Ed.), Developing Person-Centred Counselling. Sage: London.
Lambert, M. J., & Barley, D. E. (2002). Research Summary on the Therapeutic Relationship and Psychotherapy. In J. C. Norcross (Ed.), Psychotherapy Relationships That Work (pp. 17–32). Oxford: Oxford University Press.
Laungani, P. (1999). Client-Centred or Culture Centred Counselling. In P. Laungani & S. Palmer (Eds.), Counselling in a Multicultural Society (pp. 133–152). London: Sage.
Lazarus, A. A., & Colman, A. M. (1995). Introduction. In A. A. Lazarus & Colman, A. M. (Eds.), Abnormal Psychology. London: Longman.
Leahey, T. H. (1991). A History of Modern Psychology. Englewood Cliffs, NJ: Prentice Hall.
Lemma, A. (1997). Invitation to Psychodynamic Psychology. London: Whurr.
Levitt, B. E. (2005). Non-directivity: The foundational attitude. In B. E. Levitt (Ed.), Embracing Non-directivity. Ross-on-Wye: PCCS Books.
Lietaer, G. (1984). Unconditional Positive Regard: a controversial basic attitude in client-centred therapy. In R. F. Levant & J. M. Schlien (Eds.), Client-Centred Therapy and the Person-Centred Approach: new directions in theory, research and practice (pp. 41–58). New York: Praeger.
Lietaer, G. (1993). Authenticity, Congruence and Transparency. In D. Brazier (Ed.), Beyond Carl Rogers (pp. 41–58). London: Constable.
Lietaer, G. (2001). Unconditional Acceptance and Positive Regard. In J. Bozarth & P. Wilkins (Eds.), Unconditional Positive Regard: Evolution, theory and practice. Ross-on-Wye: PCCS Books.
Lietaer, G. (2002). The United Colours of Person-Centred and Experiential Psychotherapies. Person-Centred and Experiential Psychotherapies, 1(1&2), 4–13.
Luborsky, L., Singer, B., & Luborsky, L. (1975). Comparative Studies of Psychotherapy. Archives of General Psychiatry, 32, 995–1008.
Lyddon, W. J. (1998). Social Constructionism in Counselling Psychology: A commentary and critique. Counselling Psychology Quarterly, 11(2), 215–222.

Lyotard, J. F. (1984). *The Postmodern Condition: A Report on Knowledge.* Manchester: Manchester University Press.
Mace, C., & Moorey, S. (2001). Evidence in Psychotherapy: A delicate balance. In C. Mace, S. Moorey & B. Roberts (Eds.), *Evidence in the Psychological Therapies: A critical guide for practitioners.* Hove: Brunner-Routledge.
Margison, F. (2001). Practice-Based Evidence in Psychotherapy. In C. Mace, S. Moorey & B. Roberts (Eds.), *Evidence in the Psychological Therapies: A critical guide for practitioners.* Hove: Brunner-Routledge.
Martin, D. J., Garske, J. P., & Davis, M. K. (2000). Relation of the Therapeutic Alliance with Outcome and Other Variables. A meta-analytic review. *Journal of Clinical and Consulting Psychology, 68,* 438–450.
Maslow, A. H. (1954). *Motivation and Personality.* New York: Harper and Brothers.
Masson, J. (1992). *Against Therapy.* London: Collins.
May, R. (1982). The Problem of Evil: An open letter to Carl Rogers. *Journal of Humanistic Psychology, 22*(3), 10–21.
McCleary, R. A., & Lazarus, R. S. (1949). Autonomic Discrimination. *Journal of Personality, 18,* 171–179.
McLeod, J. (2000). *Qualitative Research in Counselling and Psychotherapy.* London: Sage.
McLeod, J. (2002). Research Policy and Practice in Person-Centred and Experiential Therapy: Restoring coherence. *Person-Centred and Experiential Psychotherapies, 1*(1 & 2), 87–101.
McLeod, J. (2003a). The Humanistic Paradigm. In R. Woolfe, W. Dryden & S. Strawbridge (Eds.), *Handbook of Counselling Psychology.* London: Sage.
McLeod, J. (2003b). Qualitative Methods in Counselling Psychology. In R. Woolfe, W. Dryden & S. Strawbridge (Eds.), *Handbook of Counselling Psychology.* London: Sage.
McLeod, J. (2004). Social Construction, Narrative and Psychotherapy. In L. Angus & J. McLeod (Eds.), *Handbook of Narrative and Psychotherapy.* London: Sage.
McMahon, G. (2000). Assessment and Case Formulation. In C. Feltham & I. Horton (Eds.), *Handbook of Counselling and Psychotherapy.* London: Sage.
McMillan, M. (1997). The Experiencing of Empathy: What is involved in achieving the 'as if' condition. *Counselling, 3*(3), 205–209.
McMillan, M. (2004). *The Person-Centred Approach to Therapeutic Change.* London: Sage.
Mearns, D. (1994). *Developing Person-Centred Counselling.* Sage: London.
Mearns, D. (1996). Working at Relational Depth with Clients in Person-Centred Therapy. *Counselling, 7*(4), 306–311.
Mearns, D. (1997). *Person-Centred Counselling Training.* London: Sage.
Mearns, D. (1999). Person-Centred Therapy with Configurations of Self. *Counselling, 8*(2), 125–130.
Mearns, D. (2002). Further Theoretical Propositions in Regard to Self Theory within Person-Centred Therapy. *Person-Centred and Experiential Psychotherapies, 1*(1&2), 14–27.
Mearns, D. (2003). The Humanistic Agenda: Articulation. *Journal of Humanistic Psychology, 43,* 53–65.
Mearns, D. (2004). Problem-Centred is not Person-Centred. *Person-Centred and Experiential Psychotherapies, 3*(2), 88–101.
Mearns, D., & Cooper, M. (2005). *Working at Relational Depth in Counselling and Psychotherapy.* London: Sage.
Mearns, D., & Jacobs, M. (Writer) (2003). Person-Centred and Psychodynamic

Therapy: Colleagues or opponents? [Video]: CSCT, Birmingham.
Mearns, D., & McLeod, J. (1984). A Person-Centred Approach to Research. In R. F. Levant & J. M. Schlien (Eds.), *Client-Centred Therapy and the Person-Centred Approach*. New York: Praegar.
Mearns, D., & Thorne, B. (1999). *Person-Centred Counselling in Action (2nd Ed.)*. London: Sage.
Mearns, D., & Thorne, B. (2000). *Person-Centred Therapy Today: New frontiers in theory and practice*. London: Sage.
Merry, T. (1995). *Invitation to Person-Centred Psychology*. London: Whurr.
Merry, T. (1998). Client-Centred Therapy: Origins and Influences. *Counselling*, 1(1), 17–18.
Merry, T. (1999). *Learning and Being in Person-Centred Counselling: A text book for discovering theory and developing practice*. Ross-on-Wye: PCCS Books.
Merry, T. (Ed.). (2000a). *The BAPCA Reader*. Ross-on-Wye: PCCS Books.
Merry, T. (2000b). Person-Centred Counselling and Therapy. In C. Feltham & I. Horton (Eds.), *Handbook of Counselling and Psychotherapy*. Whurr: London.
Merry, T. (2004). Classical Client-Centred Therapy. In P. Sanders (Ed.), *The Tribes of the Person-Centred Nation*. Ross-on-Wye: PCCS Books.
Merry, T., & Brodley, B. T. (2002). The Non-Directive Attitude in Client-Centred Therapy: A response to Kahn. *Journal of Humanistic Psychology*, 42(2), 66–77.
Messer, S. B., & Wampold, B. (2002). Let's Face Facts: Common factors are more potent that specific therapy ingredients. *Clinical Psychology: Science and Practice*, 9, 21–28.
Mitchell, S. A. (2000). *Relationality: From attachment to intersubjectivity*. Hillsdale, NJ: The Analytic Press.
Moerman, M., & McLeod, J. (2006). Person-Centred Counselling for Alcohol-Related Problems: The Client's Experience of Self in a Therapeutic Relationship. *Person-Centred and Experiential Psychotherapies*, 5(1), 21–35.
Moore, J. (2004). Letting Go of Who I Think I Am: Listening to the unconditioned self. *Person-Centred and Experiential Psychotherapies*, 3(2), 117–128.
Moorey, S. (2002). Cognitive Therapy. In W. Dryden (Ed.), *Handbook of Individual Therapy*. London: Sage.
Natiello, P. (1990). The Person-Centred Approach, Collaborative Power and Cultural Transformation. *Person-Centred Review*, 5(3), 268–286.
Natiello, P. (1998). Person-Centred Training: A response to Dave Mearns. *The Person-Centred Journal*, 5(1), 39–47.
Natiello, P. (2001). *The Person-Centred Approach: A passionate presence*. Ross-on-Wye: PCCS Books.
Neimeyer, R. A. (1998). Social Constructionism and the Counselling Context. *Counselling Psychology Quarterly*, 11(2), 135–149.
Neisser. (1967). *Cognitive Psychology*. Englewood Cliffs, NJ: Prentice Hall.
Nelson-Jones, R. (2005). *The Theory and Practice of Counselling and Therapy*. London: Sage.
(NICE), (National Institute for Clinical Excellence). (2004). *Anxiety: Clinical guideline 22*.
Norcross, J. C. (2002). Empirically Supported Therapy Relationships. In J. C. Norcross (Ed.), *Psychotherapy Relationships That Work* (pp. 3–16). Oxford: Oxford University Press.
Norcross, J. C., & Newman, C. F. (1992). Psychotherapy Integration. In J. C. Norcross & M. R. Goldfried (Eds.), *Handbook of Psychotherapy Integration*. New York: Basic Books.
O'Hara, M. (1995). Carl Rogers: Scientist and mystic. *Journal of Humanistic Psychology*, 35(4), 40–53.
O'Hara, M. (1999). Moments of Eternity: Carl Rogers and the contemporary demand for brief therapy. In I. Fairhurst (Ed.), *Women Writing in the Person-Centred*

Approach. Ross-on-Wye: PCCS Books.
O'Leary, E. (1997). Toward Integrating Person-Centred and Gestalt Therapies. *The Person-Centred Journal, 4*(2), 14–22.
Owen, I. R. (1999). Exploring the Similarities and Differences between Person-Centred and Psychodynamic Counselling. *British Journal of Guidance and Counselling, 27*(2), 165–178.
Padesky, C. A., & Greenberger, D. (1995). *Clinicians Guide to Mind Over Mood.* New York: Guilford Press.
Palmer, S., & Dryden, W. (1995). *Counselling for Stress Problems.* London: Sage.
Parker, I. (1989). Discourse and Power. In J. Shotter & K. Gergen (Eds.), *Texts of Identity.* London: Sage.
Parker, I., Georgaca, E., Harper, D., McLaughlin, T., & Stowell-Smith, M. (1995). *Deconstructing Psychopathology.* London: Sage.
Parlett, M., & Hemming, J. (2002). Gestalt Therapy. In W. Dryden (Ed.), *Handbook of Individual Therapy.* London: Sage.
Parry, G. (2001). Preface. In Department of Health (Ed.), *Treatment Choice in Psychological Therapies and Counselling: Evidence-based clinical practice guideline.* London: Department of Health.
Patterson, C. H. (1983). A Client-Centred Approach to Supervision. *The Counselling Psychologist, 11*(1), 21–25.
Patterson, C. H. (2000). *Understandng Psychotherapy: Fifty years of Client-Centred Theory and Practice.* Ross-on-Wye: PCCS Books.
Perls, F., Hefferline, R., & Goodman, P. (1951). *Gestalt Therapy.* New York: Dell.
Perrett, C. (2006). First Change the World, or First Change Yourself? In G. Proctor, M. Cooper, P. Sanders & B. Malcolm (Eds.), *Politicising the Person-Centred Approach: An agenda for social change.* Ross-on-Wye: PCCS Books.
Perry, J. C. (1993). Defences and their effects. In N. E. Miller, L. Luborsky, J. Barber & J. P. Docherty (Eds.), *Psychodynamic Treatment Research.* New York: Basic Books.
Persons, J. B. (1989). *Cognitive Therapy in Practice: A case formulation approach.* New York: Norton.
Persons, J. B. (2006). Case Formulation-Driven Psychotherapy. *Clinical Psychology: Science and Practice, 13*(2), 167–170.
Proctor, G. (2002). *The Dynamics of Power in Counselling and Psychotherapy: Ethics, politics and practice.* Ross-on-Wye: PCCS Books.
Proctor, G. (2005a). Clinical Psychology and the Person-Centred Approach: An uncomfortable fit? In S. Joseph & R. Worsley (Eds.), *Person-Centred Psychopathology: A positive psychology of mental health.* Ross-on-Wye: PCCS Books.
Proctor, G. (2005b). Working in Forensic Services in a Person-Centred Way. *Person-Centred and Experiential Psychotherapies, 4*(1), 20–30.
Proctor, G., Cooper, M., Sanders, P., & Malcolm, B. (Eds.). (2006). *Politicising the Person-Centred Approach: An agenda for social change.* Ross-on-Wye: PCCS Books.
Prouty, G. (1990). Pre-Therapy: A theoretical evolution in the person-centred/experiential psychotherapy of schizophrenia and retardation. In J. Rombouts & R. Van Balen (Eds.), *Client-Centred and Experiential Psychotherapy in the Nineties.* Leuven: University of Leuven Press.
Prouty, G. (1994). *Theoretical Evolutions in Person-Centred/Experiential Psychotherapy: Applications to schizophrenic and retarded psychoses.* Westport, CT.: Praeger.
Prouty, G. (1998). Pre-Therapy and the Pre-Expressive Self. *Person-Centred Practice, 6*(2), 28–32.
Prouty, G., Van Werde, D., & Portner, M. (2002). *Pre-Therapy: Reaching contact impaired clients.* Ross-on-Wye: PCCS Books.

参考文献

Purton, C. (1998). Unconditional Positive Regard and its Spiritual Implications. In B. Thorne & E. Lambers (Eds.), *Person-Centred Therapy: A European perspective* (pp. 23–37). London: Sage.
Purton, C. (2002). Person-Centred Therapy Without the Core Conditions. *Counselling and Psychotherapy Journal (formerly Counselling), 13*(2), 6–9.
Purton, C. (2004a). Focusing-Orientated Therapy. In P. Sanders (Ed.), *The Tribes of the Person-Centred Nation*. Ross-on-Wye: PCCS Books.
Purton, C. (2004b). *Person-Centred Therapy: A focusing-orientated approach*. Basingstoke: Palgrave Macmillan.
Purton, C. (2004c). Differential Response: Diagnosis and the philosophy of the implicit. *Person-Centred and Experiential Psychotherapies, 3*(4), 245–255.
Purves, D. (2003). Time-Limited Practice. In R. Woolfe, W. Dryden & S. Strawbridge (Eds.), *Handbook of Counselling Psychology*. London: Sage.
Rank, O. (1936). *Will Therapy*. New York: Knopf.
Raskin, N. J. (1948). The Development of Non-Directive Therapy. *The Journal of Consulting Psychology, 12*(92), 92–110.
Raskin, N. J. (1949). An Analysis of the Six Parallel Studies of the Therapeutic Process. *Journal of Consulting Psychology, 13*(206–219).
Rennie, D. L. (1996). Fifteen Years of Doing Qualitative Psychotherapy Research. *British Journal of Guidance and Counselling* (24), 317–327.
Rennie, D. L. (1998). *Person-Centred Counselling: An experiential approach*. London: Sage.
Rennie, D. L. (2001). Experiencing Psychotherapy: Grounded theory studies. In D. Cain & J. Seeman (Eds.), *Humanistic Psychotherapies*. Washington DC: American Psychological Association.
Rice, L. N. (1974). The Evocative Function of the Therapist. In D. A. Wexler & L. N. Rice (Eds.), *Innovations in Client-Centred Therapy* (pp. 289–311). New York: John Wiley and Sons.
Rogers, C. R. (1939). *The Clinical Treatment of the Problem Child*. New York: Houghton Mifflin.
Rogers, C. R. (1942). *Counselling and Psychotherapy: Newer concepts in practice*. Boston: Houghton Mifflin.
Rogers, C. R. (1949). The Attitude and Orientation of the Counsellor in Client-Centred Therapy. *Journal of Consulting Psychology, 13*, 82–94.
Rogers, C. R. (1951). *Client-Centred Therapy: Its current practice, implications and theory*. London: Constable.
Rogers, C. R. (1954). Changes in the Maturity of Behaviour Related to Therapy. In C. R. Rogers & R. F. Dymond (Eds.), *Psychotherapy and Personality Change*. Chicago: University of Chicago Press.
Rogers, C. R. (1957). The Necessary and Sufficient Conditions of Therapeutic Personality Change. *Journal of Consulting Psychology, 21*, 95–103.
Rogers, C. R. (1959). A Theory of Therapy, Personality and Interpersonal Relationships as Developed in the Client-Centred Framework. In S. Kich (Ed.), *Psychology: A study of science: Vol. 3. Formulations of the Person and the Social Context*. (pp. 184–256). New York and Boston: McGraw Hill.
Rogers, C. R. (1961). *On Becoming a Person: A therapist's view of psychotherapy*. London: Constable.
Rogers, C. R. (1966). Client-Centred Therapy. In S. Arieti (Ed.), *American Handbook of Psychiatry*. New York: Basic Books.
Rogers, C. R. (1967). Some Learnings from a Study of Psychotherapy with Schizophrenics. In C. R. Rogers & R. Stevens (Eds.), *Person to Person: The problem of being human*.

Layfayette: Real People Press.
Rogers, C. R. (1968). Some Thoughts Regarding the Current Presuppositions of the Behavioural Sciences. In B. Coulson & C. R. Rogers (Eds.), *Man and the Science of Man*. Columbus, OH: Charles E Merrill.
Rogers, C. R. (1977). *Carl Rogers on Personal Power*. New York: Delacorte Press.
Rogers, C. R. (1980). *A Way of Being*. Boston: Houghton Mifflin.
Rogers, C. R. (1981). Notes on Rollo May. *Perspectives*, 2(1).
Rogers, C. R. (1982). Reply to Rollo May's Letter. *Journal of Humanistic Psychology*, 22(4), 85–89.
Rogers, C. R. (1986). Rogers, Kohut and Erickson. *Person-Centred Review*, 1(2), 125–140.
Rogers, C. R. (1987). Transference. *Person-Centred Review*, 2(2), 182–188.
Rogers, C. R., & Dymond, R. F. (1954). *Psychotherapy and Personality Change*. Chicago: University of Chicago Press.
Rogers, C. R., Gendlin, E. T., Kiesler, D. J. & Truax, D. J. (1967). *The Therapeutic Relationship and its Impact: A Study of Psychotherapy with Schizophrenics*. Madison, WI: University of Wisconsin Press.
Rogers, C. R., & Sanford, R. (1984). Client-Centred Psychotherapy. In B. J. Kaplan & B. J. Sadock (Eds.), *Comprehensive Textbook of Psychiatry IV*. Baltimore: Williams and Wilkins.
Roth, A., & Fonegy, P. (1996). *What Works for Whom: A critical review of psychotherapy research*. New York: Guilford Press.
Rowan, J. (1998). Depression and the Question of Labelling. *Self and Society*, 26(5), 25–27.
Russell, J. (1999). Counselling and the Social Construction of Self. *British Journal of Guidance and Counselling*, 27(3), 339–443.
Rustin, M. (2001). Research, Evidence and Psychotherapy. In C. Mace, S. Moorey & B. Roberts (Eds.), *Evidence in the Psychological Therapies: A critical guide for practitioners*. Hove: Brunner-Routledge.
Sachse, R. (1998). Treatment of Psychosomatic Problems. In L. S. Greenberg, G. Lietaer & J. C. Watson (Eds.), *Experiential Psychotherapy: Differential intervention*. New York: Guilford Press.
Sachse, R., & Elliott, R. (2001). Process-Outcome Research on Humanistic Therapy Variables. In D. Cain & J. Seeman (Eds.), *Humanistic Psychotherapies*. Washington DC: American Psychological Association.
Sampson, W. E. (1989). The Deconstruction of the Self. In J. Shotter & K. Gergen (Eds.), *Texts of Identity*. London: Sage.
Samuels, A. (1997). Pluralism and Psychotherapy: What is a good training? In R. House & N. Totton (Eds.), *Implausable Professions: Arguments for pluralism and autonomy in counselling/psychotherapy*. Ross-on-Wye: PCCS Books.
Sanders, p. (2000) Mapping Person-Centred Approaches to Counselling and psychotherapy. *Person-Centred Practice*, 8(2), 62–74.
Sanders, P. (2004). History of CCT and the PCA: Events, dates and ideas. In P. Sanders (Ed.), *The Tribes of the Person-Centred Nation*. Ross-on-Wye: PCCS Books.
Sanders, P. (2005). Principled and Strategic Opposition to the Medicalisation of Distress and all of its Apparatus. In S. Joseph & R. Worsley (Eds.), *Person-Centred Psychopathology: A positive psychology of mental health*. Ross-on-Wye: PCCS Books.
Sanders, P. (2006). Politics and Therapy: Mapping areas for consideration. In G. Proctor, M. Cooper, P. Sanders & B. Malcolm (Eds.), *Politicising the Person-Centred Approach: An agenda for social change*. Ross-on-Wye: PCCS Books.
Sanders, P. & Tudor, K. (2001). This is Therapy: a Person-Centred Critique of the Contemporary Psychiatric System. In C. Newness, G. Holmes & C. Dunn (Eds.), *This is Madness Too: Critical Perspectives on Mental Health Services*. Ross-on-Wye:

PCCS Books.
Sanders, P., & Wyatt, G. (2001). The History of Conditions One and Six. In P. Sanders & G. Wyatt (Eds.), *Contact and Perception*. Ross-on-Wye: PCCS Books.
Sartre, J. P. (1956). *Being and Nothingness: An essay on phenomenological ontology*. New York: New York Philsophical Library.
Schlien, J. M. (1984). A Countertheory of Transference. In R. F. Levant & J. M. Schlien (Eds.), *Client-Centred Therapy and the Person-Centred Approach*. New York: Praegar.
Schmid, P. F. (2001). Authenticity: Dialogical and ethical perspectives on therapy as an encounter relationship. And beyond. In G. Wyatt (Ed.), *Rogers' Therapeutic Conditions Volume 1: Congruence*. Ross-on-Wye: PCCS Books.
Schmid, P. F. (2002). The Necessary and Sufficient Conditions of Being Person-Centered: On Identity, Integrity, Integration and Differentiation of the Paradigm. In J. C. Watson, R. Goldman & M.S. Warner (Eds.), *Client-Centred and Experiential Psychotherapies in the 21st Century*. Ross-on-Wye: PCCS Books.
Schmid, P. F. (2003). The Characteristics of a Person-Centred Approach to Therapy and Counselling: Criteria for Coherence and Identity. *Person-Centred and Experiential Psychotherapies, 2*(2), 104–120.
Schmid, P. F. (2004). Back to the Client: A phenomenological approach to the process of understanding and diagnosis. *Person-Centred and Experiential Psychotherapies, 3*, 36–52.
Scott, M. J., & Dryden, W. (2003). The Cognitive-Behavioural Paradigm. In R. Woolfe, W. Dryden & S. Strawbridge (Eds.), *Handbook of Counselling Psychology*. London: Sage.
Seager, M. (2003). Problems with Client-Centred Therapy, letter in *The Psychologist, 16*(8), 401.
Seeman, J. (2001). Looking Back, Looking Ahead: A synthesis. In D. Cain & J. Seeman (Eds.), *Humanistic Psychotherapies*. Washington, DC: American Psychological Association.
Seligman, M. E. P. (1995). The Effectiveness of Psychotherapy: The Consumer Reports study. *American Psychologist, 50*, 965–974.
Shotter, J. (1993). *Conversational Realities: Constructing life through language*. London: Sage.
Singh, J., & Tudor, K. (1997). Cultural Conditions of Therapy. *The Person-Centred Journal, 4*(2), 32–46.
Skinner, B. F. (1917). *Verbal Learning*. New York: Appleton.
Skinner, B. F. (1953). *Science and Human Behaviour*. New York: Macmillan.
Smail, D. (2001). *The Nature of Unhappiness*. London: Robinson.
Snyder, W. U. (1945). An Investigation into the Nature of Non-Directive Psychotherapy. *Journal of General Psychology, 33*, 193–223.
Snygg, D., & Combs, A., W. (1949). *Individual Behaviour: A new frame of reference for psychology*. New York: Harper and Brothers.
Sommerbeck, L. (2003). *The Client-Centred Therapist in Psychiatric Contexts: A therapists' guide to the psychiatric language and its inhabitants*. Ross-on-Wye: PCCS Books.
Sommerbeck, L. (2005). The Complementarity between Client-Centred Therapy and Psychiatry: The theory and the practice. In S. Joseph & R. Worsley (Eds.), *Person-Centred Psychopathology: A positive psychology of mental health*. Ross-on-Wye: PCCS Books.
Speirer, G. W. (1998). Psychopathology According to the Differential Incongruence Model. In L. S. Greenberg, J. C. Watson & G. Lietaer (Eds.), *Handbook of Experiential Psychotherapy*. New York: Guilford Press.
Sperry, L., Gudeman, J. E. & Blackwell, B. (2000). *Psychiatric Case Formulations*. Washington, DC: American Psychiatric Association.

Spinelli, E. (1989). *The Interpreted World: An introduction to phenomenological psychology.* London: Sage.
Spinelli, E. (1994). *Demystifying Therapy.* London: Constable.
Spinelli, E. (2001). *The Mirror and the Hammer: Challenges to therapeutic orthodoxy.* London: Continuum.
Spinelli, E. (2003). The Existential-Phenomenological Paradigm. In R. Woolfe, W. Dryden & S. Strawbridge (Eds.), *Handbook of Counselling Psychology.* London: Sage.
Standal, S. (1954). *The Need for Positive Regard: A contribution to client-centred theory.* Unpublished PhD, University of Chicago, Chicago.
Stern, D. (1986). *The Interpersonal World of the Infant.* New York: Basic Books.
Stevens, R. (1983). *Freud and Psychoanalysis.* Buckingham: Open University Press.
Stock, D. (1949). An Investigation into the Interrelations Between the Self Concept and Feelings Directed Toward Other Persons and Groups. *Journal of Consulting Psychology, 13*, 176–180.
Strawbridge, S., & Woolfe, R. (2003). Counselling Psychology in Context. In R. Woolfe, W. Dryden & S. Strawbridge (Eds.), *Handbook of Counselling Psychology.* London: Sage.
Stumm, G. (2005). The Person-Centred Approach from an Existential Perspective. *Person-Centred and Experiential Psychotherapies, 4*(2), 77–89.
Swildens, H. (2002). Where Did We Come From and Where Are We Going? The development of person-centred psychotherapy. *Person-Centred and Experiential Psychotherapies, 1*(1 & 2), 118–131.
Taft, J. (1937). *The Dynamics of Therapy in a Controlled Relationship.* New York: Macmillan.
Takens, R. J., & Lietaer, G. (2004). Process Differentiation and Person-Centredness: A contradiction? *Person-Centred and Experiential Psychotherapies, 3*(2), 77–87.
Teasdale, J. (1999). Metacognition, Mindfulness and the Modification of Mood Disorders. *Clinical Psychology and Psychotherapy, 6*(2), 146–155.
Thomas, K. (1996). The Defensive Self: A psychodynamic perspective. In R. Stevens (Ed.), *Understanding the Self.* Milton Keynes: Open University Press.
Thorne, B. (1992). *Carl Rogers.* London: Sage.
Thorne, B. (1994). Brief Companionship. In D. Mearns (Ed.), *Developing Person-Centred Counselling.* London: Sage.
Thorne, B. (1999). The Move Toward Brief Therapy: Its dangers and its challenges. *Counselling, 10*(1), 7–11.
Thorne, B. (2002). *The Mystical Power of Person-Centred Therapy.* London: Whurr.
Timulak, L. (2003). Person-Centred Therapy as a Research Informed Approach: Evidence and possibilities. *Person-Centred and Experiential Psychotherapies, 2*(4), 227–241.
Tolan, J. (2002). 'The Fallacy of the "Real" Self'. In J. Watson, R. Goldman & M. S. Warner (Eds.), *Client-Centred and Experiential Psychotherapy in the 21st Century.* Ross-on-Wye: PCCS Books.
Tolan, J. (2003). *Skills in Person-Centred Counselling and Psychotherapy.* London: Sage.
Tudor, K. (1996). *Mental Health Promotion: Paradigms and Practice.* London: Routledge.
Tudor, K. (2000). The Case of the Lost Conditions. *Counselling, 11*(1), 33–37.
Tudor, K., & Merry, T. (2002). *Dictionary of Person-Centred Therapy.* London: Whurr.
Tudor, K., & Worrall, M. (1994). Congruence Reconsidered. *British Journal of Guidance and Counselling, 22*(4), 197–206.
Tudor, K., & Worrall, M. (2004). Person-Centred Philosophy and Theory in the Practice of Supervision. In K. Tudor & M. Worrall (Eds.), *Freedom to Practice: Person-centred approaches to supervision.* Ross-on-Wye: PCCS Books.
Tudor, K., & Worrall, M. (2006). *Person-Centred Therapy: A clinical philosophy.* London: Routledge.

参考文献

Vahrenkamp, S., & Behr, M. (2004). The Dialog with the Inner Critic: From a pluralistic self to client-centred experiential work with partial egos. *Person-Centred and Experiential Psychotherapies*, 3(4), 228–244.

van Deurzen, E. (2002). *Existential Counselling and Psychotherapy in Practice, (2nd ed)*. London: Sage.

Van Kalmathout, M. (1998). Personality Change and the Concept of Self. In B. Thorne & E. Lambers (Eds.), *Person-Centred Therapy: A European perspective*. Sage: London.

Van Werde, D. (2005). From Psychotic Function: Person-centred contact work in residential psychiatric care. In S. Joseph & R. Worsley (Eds.), *Person-Centred Psychopathology: A positive psychology of mental health*. Ross-on-Wye: PCCS Books.

Vanerschot, G. (1993). Empathy as Releasing Several Microprocesses in the Client. In D. Brazier (Ed.), *Beyond Carl Rogers*. London: Constable.

Wampold, B. (2001). *The Great Psychotherapy Debate: Models, methods and findngs*. Mahwah, NJ: Lawrence Earlbaum Associates.

Warmoth, A. (1998). Humanistic Psychology and Humanistic Social Science. *Humanity and Society*, 22(3). www.sonama.edu/users/w/warmotha/awhumpsy.html

Warner, M. S. (1996). How Does Empathy Cure? A theoretical consideration of empathy processing and personal narrative. In R. Hutterer, G. Pawlowsky, P. F. Schmid & R. Stipsis (Eds.), *Client-Centred and Experiential Psychotherapy: A paradigm in motion*. Frankfurt-am-Main: Peter Lang.

Warner, M. S. (1999). Person-Centred Psychotherapy: One nation, many tribes. In C. Wolter-Gustafson (Ed.), *A Person-Centred Reader: Personal selection by our members*. Boston: Association for the Development of the Person-Centred Approach.

Warner, M. S. (2000). Person-Centred Therapy at the Difficult Edge: A developmentally based model of fragile and dissociated process. In D. Mearns & B. Thorne (Eds.), *Person-Centred Therapy Today: The frontiers in theory and practice*. London: Sage.

Warner, M. S. (2002). Luke's Dilemmas: A Client-centred/Experiential Model of Processing with a Schizophrenic Thought Disorder. In J. Watson, R. Goldman & M. S. Warner (Eds.), *Client-centred and Experiential Psychotherapy in the 21st Century: Advances in Theory, Research and Practice*. Ross-on-Wye: PCCS Books.

Warner, M. S. (2006). Toward an Integrated Person-Centred Theory of Wellness and Psychopathology. *Person-Centred and Experiential Psychotherapies*, 5(1), 4–20.

Waterhouse, R. (1993). Wild Women Don't Have the Blues: A feminist critique of 'person-centred' counselling and therapy. *Feminism and Psychology*, 3, 55–71.

Watkins, C. E. (1993). Person-Centred Theory and the Contemporary Practice of Psychological Testing. *Counselling Psychology Quarterly*, 6(1), 59–67.

Watson, J. B. (1917). Psychology as the Behaviourist Views It. *Psychological Review*, 20, 158–177.

Wessley, S. (2001). Randomised Controlled Trials: The gold standard? In C. Mace, S. Moorey & B. Roberts (Eds.), *Evidence in the Psychological Therapies: A critical guide for practitioners*. Hove: Brunner-Routledge.

Wetherell, M., & Maybin, J. (1996). The Distributed Self: A social constructionist perspective. In R. Stevens (Ed.), *Understanding the Self*. Milton Keynes: Open University Press.

Wetherell, M., & Potter, J. (1992). *Mapping the Language of Racism*. Hemel Hempstead: Harvester Wheatsheaf.

Wexler, D. A. (1974). A Cognitive Theory of Experiencing, Self-Actualisation and Therapeutic Process. In D. A. Wexler & L. N. Rice (Eds.), *Innovations in Client Centred Therapy*. New York: Wiley.

Wexler, D. A., & Rice, L. N. (Eds) (1974). *Innovations in Client-Centred Therapy*. New York: Wiley.

Wheeler, S., & McLeod, J. (1995). Person-Centred and Psychodynamic Counselling: A dialogue. *Counselling, 6*(4), 283–287.
Wilkins, P. (1997). Toward a Person-Centred Understanding of Consciousness and the Unconscious. *Person-Centred Practice, 5*(1), 14–20.
Wilkins, P. (2000). Unconditional Positive Regard Reconsidered. *British Journal of Guidance and Counselling, 28*(1), 23–36.
Wilkins, P. (2003). *Person-Centred Therapy in Question.* London: Sage.
Wilkins, P. (2005a). Assessment and 'Diagnosis' in Person-Centred Therapy. In S. Joseph & R. Worsley (Eds.), *Person-Centred Psychopathology: A postive psychology of mental health.* Ross-on-Wye: PCCS Books.
Wilkins, P., & Gill, M. (2003). Assessment in Person-Centred Therapy. *Person-Centred and Experiential Psychotherapies, 2*(3), 172–187.
Williams, F., Coyle, A., & Lyons, E. (1999). How Counselling Psychologists View their Personal Therapy. *British Journal of Medical Psychology, 72,* 545–555.
Woolfe, R., Dryden, W. & Strawbridge, S. (2003). *Handbook of Counselling Psychology.* London: Sage.
Worsley, R. (2002). *Process Work in Person-Centred Therapy: Phenomenological and existential perspectives.* Basingstoke: Palgrave.
Worsley, R. (2003). Small is Beautiful: Small-Scale Phenomenological Research for Counsellor Self-Development. *Person-Centred and Experiential Psychotherapies, 2*(2), 121–132.
Wyatt, G. (2000). The Multifaceted Nature of Congruence. *The Person-Centred Review, 7*(1), 52–68.
Yalom, I. (1980). *Existential Psychotherapy.* New York: Basic Books.
Yalom, I. (1989). *Loves Executioner and their Tales of Psychotherapy.* Harmondsworth: Penguin.
Yontef, G. (1998). Dialogic Gestalt Therapy. In L. S. Greenberg, J. C. Watson & G. Lietaer (Eds.), *Handbook of Experiential Psychotherapy.* New York: Guilford Press.
Zeigler, D. J. (2002). Freud, Rogers and Ellis: A comparative analysis. *Journal of Rational-Emotive and Cognitive Behaviour Therapy, 20*(2), 75–90.
Zimring, F. (1974). Theory and Practice of Client-Centred Therapy: A cognitive view. In D. A. Wexler & L. N. Rice (Eds.), *Innovations in Client-Centred Therapy.* New York: Wiley.
Zimring, F. (2000). Empathic Understanding Grows the Person. *The Person-Centred Journal, 7,* 101–113.
Zohar, D. (1990). *The Quantum Self.* London: Bloomsbury.

索 引

（所注页码为原书页码，即本书边码。——译者注）

abnormal psychology 115 变态心理学
accreditation 170-1，171-2 认可
action research 149 行动研究
actual self，of therapist 52-3 当事人的现实自我
actualisation 41，89 实现
actualising tendency 27-8，31-2，159，161 实现倾向
advanced empathy 49 深度共情
articulation，between PCT and medicine 123-4 人为中心疗法和医学化疗法的整合
assessment of clients 121-3，178-9 当事人评估
　　trainee counsellors 185 实习咨询顾问
attachment theory 34-5 依附理论
attitude to clients 89-91，96-7，101-3，108-10，109 对当事人的态度

see also core conditions 参阅"核心条件"
authentic self 162-3 真实自我
automatic thoughts 105 无意识的想法

babies 31-4 婴儿
Barrett-Lennard, G. T. 134 巴雷特-勒纳德
beginning sessions 72, 80-1 首次面询
behaviourism 8-9 行为主义
Blackburn, I. M. 110 布莱克本
body reflections 127 身体反映
Bohart, A. C. 136 博哈特
borderline personality disorder 123-4 边缘型人格障碍
Bowlby, J., attachment theory 34-5 约翰·鲍尔比, 依附理论
Bozarth, J. D. 47-8, 141 鲍扎斯
bracketing, of views 30, 93, 96 观点的构建
brief companionship 179 短暂的友谊
brief therapy 179-80 短期治疗
British Association for Counselling and Psychotherapy 171 英国心理咨询与治疗协会
British Psychological Society 172 英国心理学会
Brodley, Barbara T. 22, 50, 161 芭芭拉·布罗德利
Buddhist approaches 108 佛教方法, 佛教研究方式
Bugenthal, J. F. T. 88 布根塔尔（巴格特）

Cain, D. 88-9 凯恩
caregivers, empathic response 31, 32, 125 照顾者, 共情回应
CBT 认知行为疗法
see cognitive therapy 参阅"认知疗法"
Centre for the Studies of the Person 19 人的研究中心

索 引

certificate courses 169-70 资格培训课程（证书课程）

change process 24，48-9，67-70，82 改变过程

cognitive behavioural 105 认知行为的

conditions 17 条件
    existential-phenomenological 96，97 存在—现象学的
    humanistic 90 人本主义的
    psychodynamic 101 心理动力学的

Chartership 172-3 资格证

childhood experiences 36，98 儿童期体验
    see also conditions of worth 参阅"价值条件"

choice 88 选择

classical perspective 21-2，60 传统的人为中心视角

case studies 70，71-9 个案研究
    difference from other approaches 62，89-90，96，97 和其他方法的差别
    psychological disturbance 106 心理不适
    research 146 研究

classification of illness 114，117，123-4 疾病分类

Client-Centred Therapy 15-16《当事人中心治疗》

client-centred therapy 15-19，16，132-4，133 当事人为中心疗法

client diagnosis, psychological distress 117 当事人诊断，心理障碍

client experiencing, empirical research 137-8 当事人的体验，实验法研究

client functioning, stages 17 当事人机能，阶段

client incongruence 116，144 当事人不一致
    see incongruence clients 参阅"不一致的当事人"
    assessment 121-3，178-9 评估
    see also relationships, with clients 参阅"和当事人的治疗关系"

Clinical Outcome for Routine Evaluation (CORE) 178 常规临床结果诊断

Clinical Psychology 115 临床心理学

clinical studies 140，141 临床研究

Clinical Treatment of the Problem Child，*The* 12《问题儿童的临床治疗》

cognitive behaviour therapy 认知行为疗法

 see cognitive therapy 参阅"认知疗法"

cognitive-behavioural paradigm 104-11 认知—行为范式

cognitive therapy 104，105-8，110-11，146 认知疗法

collaboration 102 合作

collaborative exercises 179 合作练习

collectivist cultures 160 集体主义文化

Colman，A. M. 115 科尔曼

Combs，Arthur 28，29-30 考姆伯斯

common factors hypothesis 143-4，143 共同因素假说

communication with client 47，58，63 与当事人的沟通

conditions (therapeutic relationship) 主要条件（治疗关系）

 core 44-56，106，136-7 核心的，主要的

  see also congruence，empathy 参阅"一致""共情"

 unconditional positive regard relationship 56-9，57 无条件积极关注关系

  see also necessary and sufficient conditions 参阅"必要且充分条件"

conditions of worth 33-4，38 价值条件

 in case studies 79 在个案研究中

 diminishing 52 逐渐缩小的

 and incongruence 36-7，37-8 和不一致

 internalisation 157 内在化

 in therapist 55 治疗师

congruence 44-5，52-5，55-6，124 一致

 in case studies 76，78，82，85-6 在个案研究中

索引

　　development in client 68-9, 162, 166 当事人的成长

　　empirical research 137 实验法研究

constructive growth 建设性成长

　　see actualizing tendency 参阅"实现倾向"

consumer surveys 143 消费者调查

contact reflections 127 接触反映

contexts, for PCT 71 人为中心疗法的情境

Cooper, M. 32, 48, 55-6, 65, 92, 94, 161, 163-4 库珀

CORE 178 常规临床诊断

core conditions 44-56, 106, 136-7 核心条件

　　see also congruence, empathy 参阅"一致""共情"

　　unconditional positive regard 无条件积极关注

counselling psychologists see therapists 心理咨询师参阅治疗师

counselling psychology description 2-3 咨询心理学的描述

　　importance of research 130 研究的重要性

　　and psychological distress 120 和心理不适

　　training 172-3 培训

counselling relationship 咨询关系

　　see therapeutic relationship 参阅"治疗关系"

counselling skills training 169, 176 咨询技巧培训

counsellors 171-2 咨询顾问，咨询者

　　see also therapists 参阅"治疗师"

Crits-Cristoph, P. 144 克里茨-克里斯托弗

cultural differences 154, 161 文化差异

deep empathy 49 深度共情

defence mechanisms 35-6, 100, 104-5 心理防御机制

　　see also psychological defence 参阅"心理防御"

deficiency model 116, 177 缺陷模型

denial 35, 39, 100 否认

depression, PCT research 145-7 抑郁，人为中心疗法的研究

Deseinsanalysis 95 存在分析

destructiveness 94, 95 破坏性

diagnosis, mental illness 114, 116-18, 118-19, 123-4 诊断，心理疾病

Diagnostic and Statistical Manual (DSM) 114, 117 诊断和统计手册

dialogue approach 24, 65-6 对话法

Diamonic force 95 精力过剩的力量

differentiation 31-2 分化

diploma courses 170 提供证书的课程

directive approach 61, 62, 63 指导法

discomfort disturbance 104-5 不适失调

discourse analysis 148 话语分析

discourses, and power 152-3 话语和力量

distorted thinking 35-6, 100, 104-5, 106 曲解的思维方式

distress 障碍

   see psychological distress 参阅"心理障碍"

DSM 114, 117 诊断和统计手册

Dymond, R. F. 132-3, 133 戴蒙德

early experiences 早期体验

   see childhood experiences 参阅"儿童期体验"

ecological validity 142-3 生态效度

ego disturbance 104 自我失调

Elliott, R. 63-4, 149 埃利奥特

Emotion Focused Therapy 63, 138 情感聚焦疗法

emotional schemes 63-4 情感图式

emotions 53-4 情绪，情感

索 引

empathic reflection 47 共情反映

empathic understanding 47-8 共情性理解

empathy 46-9，52，55-6，58 共情，移情

   in case studies 74，75，80，85-6 在个案研究中

empirical research 136 实验研究

evocative 138 唤起……的

   in fragile process work 125-6 在"短暂进程"的工作中

empirical research by Carl Rogers 16-17，16，19，131-5，135 卡尔·罗杰斯的实验研究

   challenge to 152，154 对……的挑战

   see also research into PCT 参阅"人为中心疗法的研究"

Empirically Supported Treatments Controversy 140 对有实证支持的治疗的争议

encounter group movement 18-19，20 会心团体运动

ending counselling 78-9，85 咨询结束

evidence based practice 139-47，182 基于证据的实践

evocative empathy 138 唤起共情

existential awareness 39，40 存在意识

existential humanist approaches 97 存在主义—人本主义方法

existential-phenomenological paradigm 91-7 存在—现象学范式

   see also phenomenology 参阅"现象学"

existential philosophy 92-3 存在主义哲学

experiential perspective 20-1，38，60-4，62 经验的视角

case studies 70，79-86 个案研究

   integration of other methods 91，109 整合其他方法

effect of research 138 研究效果

experiential relationship 45 经验关系

experimental controls 133 经验控制

expressive-responsive dialogue 14 表现—回应对话

external (ecological) validity 142-3 外在（生态）效度

external locus of evaluation 37 外部评价源

facial reflections 127 面部反映

Farber, B. A. 137 法伯

feelings 53-4 感情，情感

final sessions 78-9, 85 最后面询

focused counselling 179 聚焦咨询

focusing 21, 61-2, 81 聚焦

formative tendency 27-8 形成趋势

fragile process 24, 125-6 短暂的进程

frame of reference 14, 93-4, 165-6 参照架构

Freeth, R. 118-19 弗里思

Freier, E. 50 弗莱尔

Freud, Sigmund 99 西格蒙德·弗洛伊德

fully functioning person 39-41, 94 机能完善的人

Gendlin, Eugene 21, 61-2, 162 尤金·盖德林

genuineness 真挚

  see congruence 参阅"一致"

Gergen, K. 109, 163 格根

gestalt therapy 90-1 完型理论

Gilbert, P. 106 吉尔伯特

Gill, M. 122-3 吉尔

globalisation, of client-centred approach 18-19 全球范围内的人为中心疗法

good life 39-41 "幸福生活"

Great Depression 10 大萧条

Greenberg, L. 63-4, 145-6 格林伯格

索引

grounded theory 148 扎根理论

group work, in training 174-5 培训中的团体工作

HSCED 149 单例疗效设计

Henry, W. P. 144-5 亨利

"here and now" working 65 "此时此刻"的工作

Hermeneutic Single Case Efficacy Design (HSCED) 149 单例疗效设计

holism 88 整体论

homework 111 家庭作业

horizontalisation 96 置平

human potential 39-40 人类的潜力

humanistic paradigm 3, 88-91, 91-2 人本主义范式

idiosyncratic empathic attitudes 49 特质共情态度

in-vivo practice 176 体内试验

incongruence 35, 100, 105, 156 不一致

    and conditions of worth 36-7, 37-8 和价值条件

    in therapist 54-5 在治疗师身上

independent self 159 独立的自我

individual autonomy 94 个人的自主性

individual meaning 99, 107 个人价值，个人的人生意义

individual will 11-12 个人意志

individualised focus 156, 159 个人的关注

infants 31-4 婴儿

inner working model 34 内在运作模型

Innovations in Client-Centred Therapy 138《人为中心疗法的创新》

instrumental non-directivity 108 有帮助的非指导性

integrative statement 43-4 整合陈述

interpersonal connection 65 人际联结

Interpersonal Recall Analysis 149 人际回顾分析

inter-relatedness 160-1 内在关联性

intersubjective approach 64, 96 主体间性方法

introjected values 投入价值

 see conditions of worth 参阅"价值条件"

Joseph, S. 38-9, 121 约瑟夫

Keil, S. 164 凯尔

King, M. 146 金

Kirschenbaum, H. 10 基尔申鲍姆

Klein, M. H. 137 克莱因

knowledge, social constructionist view 152, 154-6 知识, 社会建构主义观点

labelling, in mental illness 119 精神疾病中的标记

Lambers, E. 123-4 兰伯特

Lane, J. S. 137 雷恩

large group work 174-5 大群体工作

Laungani, P. 160 朗干尼

Lazarus, A. A. 36, 115 拉扎勒斯

letting go 65 放开

Lietaer, G. 52, 53, 103 李特尔

listening 65 倾听

Logotherapy 95 意义治疗

Luborsky, L. 143 卢伯斯基

manualisation 140, 141 手势教法

Maslow, A. 41 马斯洛

索 引

May, R. 95 罗洛·梅
McCleary R. A. 36 麦克利里
McLeod, J. 134, 148, 149, 150, 160 麦克里奥德
Mearns, D. 46, 55–6, 65, 90, 148, 161, 164, 165 米恩斯
medical model 113–15, 123 医学模式
medicalisation of psychological distress 100, 106, 107, 116–21, 139 心理不良应激的医学化
   diagnosis 114, 116–18, 118–19, 123–4 诊断结论
   through discourse 152–3 通过讲述
   evaluation of therapies 139–45 治疗的评估
   and therapeutic practice 177–83, 184–5 治疗实践
mental illness diagnosis 114, 116–18, 118–19, 123–4 心理疾病的诊断
   see also psychological distress 参阅"心理障碍"
   psychological disturbance 心理失调
Merry, T. 46, 60, 82 莫瑞
mindfulness 107–8 全神贯注
Mintz, J. 144 明茨
modelling, by therapist 63 治疗师的榜样
modernism 153 现代主义
Moore, J. 28, 162 穆尔

narrative analysis 149 叙事分析
National Institute for Clinical Excellence (NICE) 140 英国国家临床评鉴机构
necessary and sufficient conditions 必要且充分条件
   in case study 73–4 个案研究
   and client assessment 122 当事人的评估
   identified by Rogers 17, 43 经罗杰斯确认的
   and non-directivity 45 和非指导性

and power sharing 91 和力量共享

　　see also core conditions, relationship conditions 参阅"核心条件""关系条件"

Neimeyer, R. A. 152-3 奈莫耶

nervous breakdown 37-8, 38-9 精神崩溃

New Deal, USA 10 美国，罗斯福新政

non-core conditions 56-9, 57 非核心条件

non-directive therapy 13-15, 22, 45-6, 60, 110 非指导性疗法

On Becoming a Person 18《论人的成长》

openness 40, 65 开放，公开性

organismic experience 机体体验

　　blocking of 38 中断

　　in change process 67-8, 68-9 在改变的过程中

　　in present moment 101-2 在当下

of therapist 53-4 治疗师

　　and true self 162 真我

　　trust in 40-1 相信

organismic valuing 28, 31, 34, 35-6, 36-9, 37-8 机体价值

outcome research 131, 132-3, 133, 142 结果研究

outcomes 136, 144 结果

parallel studies 132 平行研究

parental expectations 父母期望

　　see conditions of worth 参阅"价值条件"

past experiences 36, 98, 101 过去的体验

patient, terminology 115-16 当事人，术语

person-centred approach 人为中心疗法

　　classical approach 21-2, 60, 62 古典的人为中心疗法

索引

and clinical studies 141-2 和临床研究
and cognitive behavioural paradigm 105-11 和认知行为范式
core criteria 23 核心标准
critique of 119-20 批判
development 6, 15-19 发展
as evidence-based approach 145-7 作为基于证据的方法
and existential-phenomenological paradigm 93-7 和存在—现象学范式
experiential approach 20-1, 60-4, 62 经验的人为中心疗法
and humanistic paradigm 89-91, 91 和人文主义范式
integration with other approaches 108-9 和其他方法的整合
in medical settings 177-83, 184-5 在医疗背景中
medical view of 121, 138 医学上的观点
and medicalisation of distress 116-21 和医学上的障碍
and phenomenology 93-7, 155 和现象学
and power 156-7 和力量
and psychodynamic paradigm 99-104 和心理动力学范式
research principles 148 研究准则
social constructionist view 154-66 社会建构主义观点
training 培训
see training 参阅"培训"
person-centred assessment 121-3, 178-9 人为中心评估
person-centred therapists 人为中心治疗师
see therapists 参阅"治疗师"
person-centred working 59-66 人为中心的工作
personal development groups 175 个人成长小组
personal freedom 94 人身自由
personal therapy 175-6 个人疗法
personality, models 16, 27-41 人格, 模型
phenomenology 93-7 现象学

and classical PCT 96, 97, 155 和古典的人为中心疗法

research 148 研究

theory of personality 28-9, 29-30 人格理论

pluralism 109 多元论

plurality, of self 24, 163-4, 165 自我的多元化

positive self-regard 33 积极的自我关注

Post-Traumatic Stress Disorder (PTSD) 38-9 创伤后应激障碍

postmodernism 后现代主义

see social constructionism 参阅"社会建构主义"

poststructuralism 后结构主义

see social constructionism 参阅"社会建构主义"

power 91, 103, 152-3, 156-8, 158-9 力量

practice-based evidence 142 基于实践的证据

Practitioner Doctorate qualification 173 从业者博士学位资格证

practitioners 从业者

see therapists 参阅"治疗师"

pre-therapy 23, 118, 126-8, 127-8 前治疗

present moment 101-2 当下，目前

prizing 103 重视

process, as diagnosis 124-6 过程，作为诊断

process conception 67, 108 过程概念

process-experiential approach 21, 63-4, 79-86, 91 "过程—经验"的方法

process research 131, 133-4, 142, 147-9 过程研究

Proctor, G. 158-9 普罗克特

professional issues 176 专业问题

Prouty, G. 57-8, 126-7 普鲁提

psychoanalytic approach 9 精神分析方法

psychodynamic paradigm 97-104, 107, 112 心理动力学范式

索引

psychological breakdown 37 - 8，38 - 9 心理崩溃
psychological change 心理改变
   see change process 参阅"改变过程"
   therapeutic change 治疗改变
psychological contact 57 - 8，126 - 8 心理接触
psychological defence 35 - 6，68，98，100，101 心理防御
   see also defence mechanisms 参阅"防御机制"
psychological discourses 152 - 3 心理论述
psychological distress 36 - 7，39，113 - 28，157，183 心理不适
   see also medicalisation of psychological distress; psychological disturbance 参阅"医学化的心理不适""心理失调"
psychological disturbance and attachment 35 心理失调和依恋
   and processing of experience 38 和体验的过程
   and psychodynamic perspective 100 和心理动力学视角
   and psychological contact 57 - 8 和心理接触
   and REBT perspective 104 - 5 和理性情绪行为治疗的视角
   see also medicalisation of psychological distress; psychological distress 参阅"医学化的心理不适""心理不适"
psychological formulations 120 心理结构形式
psychological growth 17，48 - 9 心理成长
see also change process; therapeutic change 参阅"改变过程""治疗改变"
psychological testing 8 - 9 心理测试
psychology 8 - 9，10，152，156 心理学
psychotherapists 172 心理治疗师
psychotic clients 57，114，118，126 - 8 患有精神病的当事人
   see also psychological disturbance 参阅"心理失调"
PTSD 38 - 9 创伤后应激障碍
Purton, C. 38 珀顿

qualifications 170-3 限制

qualitative research 19, 147-9, 148-9 定性研究

   see empirical research 参阅"实验法研究"

randomised control studies 140, 146 随机对照研究

Rank, Otto 11, 11-12 奥托·兰克

Raskin, N.J. 12 拉斯金

rational emotive behaviour therapy (REBT) 104-5 理性情绪行为疗法

reflecting back 13-14, 14, 47, 47, 49, 96 反射出

reflexivity 62-3 反射度

regard complex 32-3 关注的复杂性

registration 170-1, 172 登记,注册

reiterative reflections 127 重复反映

relatedness 160 关联性

relational approach 64, 96 关系方法

relational depth 56, 65, 180 深度关系

relationship-based assessment 122 基于关系的评估

relationship conditions 56-9, 57 关系条件

relationship therapy 11-12 关系治疗法

relationships with clients 47, 58, 64, 102, 112 和当事人的关系

   see also therapeutic relationship 参阅"治疗关系"

   infants with caregivers 31, 32 婴幼儿及照顾者

   of power 152-3, 156 力量

Rennie, David 62-3, 147 雷尼尔

research into PCT 关于人为中心疗法的研究

   client-centred therapy 16-17, 16, 131-5, 135 人为中心疗法

   client experiencing 137-9 当事人的体验

   evidence-based evaluation 139-47, 182 基于证据的评估

   process research 131, 133-4, 142, 147-9 过程研究

索引

  therapeutic conditions 136-7 治疗条件
research policy 149-50 研究政策
Rice, L. 63-4, 138 赖斯
Rogers, Carl 卡尔·罗杰斯
  on actualising tendency 27, 31-2, 159 实现倾向
  change process 67-70 改变过程
  client-centred perspective 15-19, 26, 155 人为中心的视角
  on client own diagnosis 117 当事人自己的诊断
  on conditions for therapy 44-7, 48-9, 51, 52-5, 56-9, 91 在治疗的条件上
  on destructiveness 95 破坏性
  early influences 6-8, 10-15 早期影响
  and empirical research 131-5, 133, 135 实验法研究
  on frame of reference 14, 94, 165 参照系
  fully functioning person theory 41, 94 机能完善的人理论
  and global interests 158 和全球利益
  on incongruence 35, 36-7, 105 不一致
  and person-centred movement 19-20 和人为中心的运动
  theory of personality 27-38 人格理论
  on therapeutic relationship 12-14, 43-4 关于治疗关系
  on training 167-8 培训
role-play, in training 176 角色扮演，培训

Sachse, R. 147 萨克斯
Sanders, P. 23, 23-4, 114, 123 桑德斯
Sartre, Jean-Paul 94 让-保尔·萨特
Schlien, J. 103 斯克林
Schmid, P. F. 64 施密德
scientific research 科学研究

see empirical research; research into PCT 参阅"实验法研究""就人为中心疗法的研究"

self 28-31，39，52-3，153，162 自我

　　　see also self-concept; selfhood 参阅"自我概念""自我"

self acceptance, of therapist 51, 55 治疗师的自我接受

self-actualisation 41 自我实现

　　　see also actualisation; actualizing tendency 参阅"实现""实现倾向"

self-awareness 104 自我意识

self-concept 30, 166 自我概念

　　and conditions of worth 37 和价值条件

　　and incongruence 36 和不一致

　　in infants 32, 34 婴幼儿

　　in process of change 69, 70 在改变的过程中

　　and social constructionist view 162, 163 和社会建构主义的观点

　　　see also self 参阅"自我"

self-configurations 77, 164, 165 自我完型

self-experiences 31-7 自我体验

self-regard 33 自我肯定

self-resources, of client 144 当事人的自我资源

self-structure 自我建构

　　　see self 参阅"自我"

selfhood 153, 159-66, 165 自我，个性，人格

　　　see also self; self-concept 参阅"自我""自我概念"

Seligman, M. E. P. 142-3 塞利格曼

sessions 72, 78-9, 80-1, 85, 110-11 研讨

situation reflections 127 情境反映

skills training 169, 176 技能训练

small-scale phenomenological research 149 小规模的现象学研究

Snygg, Donald 28, 29-30 唐纳德·史尼格

索 引

social constructionism 27，151–66，153，158–9，165 社会建构主义
social context，and change 24 社会背景和改变
Speirer，G. W. 124 斯布尔
Spinelli，E. 92，93，96 斯宾内尔
spirituality，and PCT 24 精神性和人为中心疗法
starting counselling 72，80–1 开始咨询
state of disorganisation 36 混乱状态
still small voice 28 "仍然是微弱的声音"
subception 34，36 阈下知觉
subjective meanings 29–30，93，135，155–6 主观意义
supervision 183–5 督导

Taft，Jessie 11 杰西·塔夫特
technical eclecticism 108 技术折中主义
termination of sessions 78–9，85 终止面询
theory 176，183 理论
therapeutic change 48–9，52，54–5，91 治疗改变
   see also change process 参阅"改变过程"
therapeutic practice 177–85 治疗实践
therapeutic relationship 11，治疗关系
   case studies 73–4，76，80 个案研究
   conditions 12–14，43–4，60，91 条件
   see conditions developed by Rogers 参阅"由罗杰斯定义的条件"
   as means of treatment 118 作为治疗的方式
   and outcome 144 和结果
   in phenomenology 96 在现象学上
   in psychodynamic therapy 102 在心理动力学疗法中
therapists 治疗师
   actual self 52–3 现实自我

configurations of self 165 自我完型

criteria for power issues 158-9 力量问题的标准

feelings 53-4 感情

incongruence 54-5 不一致

modelling 63 模化

personal stance 2 个人立场

self acceptance 51，55 自我接纳

skills 65，169，176 技巧，技能

see also core conditions 参阅"核心条件"

see also therapeutic relationship 参阅"治疗关系"

therapy sessions 72，78-9，80-1，85，110-11 治疗面询

third force 3，88-91 第三势力

Thorne, B. 46，55，90，161，165，179，179 桑恩

thought processes 35-6，100，104-5，106 思考过程

time limits，on therapy 179-80 对治疗的时间限制

training 167-8 培训

    assessment 185 评估

    awareness of power issues 158 对力量问题的意识

    course structure 174-7 课程结构

    courses 168-70，169 课程

    preparation for 185-6，186-8 准备

training *cont.* 未完的培训

    qualification 170-3 限制

    supervision 183-5 督导

therapeutic practice 177-83 治疗实践

transference 102-3，103 移情

transparency of therapist 65 治疗师的透明度

Treatment Choice in the Psychological Therapies 139-40 《心理疗法的治疗选择》

Tudor, K. 57, 82 图多尔

two-chair technique 64, 84‑5 两椅技术

unconditional positive regard 49‑52, 51, 55‑6, 58, 181‑2 无条件积极关注

 in case studies 76, 77, 80, 83, 85‑6 在个案研究中

  empirical research 136‑7 实证研究，经验研究

unconscious 98, 99‑100 无意识，潜意识

unitary self 163‑6 一元的自我

United Kingdom Council for Psychotherapy 172 英国心理治疗协会

USA 8‑10 美国

van Deurzen, E. 92 范多伊伦

van Kalmathout M. 165 范凯尔曼瑟

Vanerschot, G. 49 范艾尔勋特

Warner, M. 125‑6 沃纳

Watson, J. B. 145 沃森

way of being 45, 109 存在方式

Wilkins, P. 27, 51, 122‑3, 166 威尔金斯

Will therapy 11‑12 意志疗法

Wisconsin project 134‑5 威斯康星项目

word-for-word reflections 127 言语反映

working alliance 工作联盟

 see therapeutic relationship 参阅"治疗关系"

Worsley, R. 38, 121, 149 沃斯利

Yalom, I. 117 雅罗姆

后　记

　　面对急剧变化和迅速发展的现代社会，人们对心理健康服务的需求越来越迫切。全国卫生与健康大会2016年8月19日至20日在北京召开，中共中央总书记、国家主席、中央军委主席习近平出席会议并发表重要讲话。他强调，要倡导健康文明的生活方式，树立大卫生、大健康的观念，把以治病为中心转变为以人民健康为中心，建立健全健康教育体系，提升全民健康素养，推动全民健身和全民健康深度融合。要加大心理健康问题基础性研究，做好心理健康知识和心理疾病科普工作，规范发展心理治疗、心理咨询等心理健康服务。第九次全国心理卫生学术大会于2016年8月26日至28日在北京召开，会议期间成立了中国心理卫生协会心理咨询师专业委员会，这是我国心理咨询领域具有里程碑意义的一件大事，必将对规范发展心理治疗、心理咨询等心理健康服务提供人才支持和智力保

后 记

障。翻译出版国外优秀的心理咨询著作，必将有助于加强我国心理健康问题的基础性研究。

本书作者伊万·吉伦是爱丁堡心理咨询中心主任，格拉斯哥卡利多尼亚大学咨询心理学的主讲教师，有着深厚的心理咨询理论功底和实践经验。《人为中心疗法》这部著作对人为中心疗法的理论基础和操作实务进行了非常详尽的阐述，本书最大的特色就是突出基础，注重应用。作者试图通过对人为中心疗法的基本理论和基本技术的阐释和演示，引导心理咨询的实践工作者特别是初学者系统地了解和掌握人为中心疗法的一般性原理和实用技术，为以后学习和掌握相关理论、开展实际工作奠定必要的基础。本书既注重人为中心疗法基本理论的阐述，又十分注重人为中心疗法实务和方法的训练，使得理论与实例融为一体，因而本书又具有较高的实践应用价值。阅读本书，你将学到：面对来访者，如何进行有效沟通，成功地建立咨访关系；如何将学到的人为中心疗法理念转化为进行有效咨询的能力。

《人为中心疗法》一书的翻译工作由笔者主持完成。胡海燕参与了初译和初校工作，孙裕如参与了初校和复校工作。张丽阅读了全书清样稿。借本书出版之际，我要真诚地感谢我的来访者，正是这些来访者让我有机会实践本书所介绍的人为中心疗法的咨询理念和实务模型，感受人为中心疗法的本质特征和深层魅力，从而提升了我的咨询格局和咨询境界。特别感谢首都医科大学博士生导师杨凤池教授在心理咨询领域的专业引领。感谢中国人民大学出版社张宏学编辑给予的帮助，感谢责任编辑徐德霞在本书出版过程中所付出的辛勤劳动！

方双虎

2016 年 8 月于文津花园

Person-Centred Counselling Psychology: An Introduction, le Ewan Gillon

English Language edition published by SAGE Publications of London, Thousand Oaks, New Delhi and Singapore, © Ewan Gillon, 2007.

图书在版编目（CIP）数据

人为中心疗法／（英）伊万·吉伦（Ewan Gillon）著；方双虎等译.—
北京：中国人民大学出版社，2016.10
书名原文：Person-Centred Counselling Psychology：An Introduction
ISBN 978-7-300-23385-7

Ⅰ.①人… Ⅱ.①伊…②方… Ⅲ.①心理咨询-教材 Ⅳ.①B849.1

中国版本图书馆 CIP 数据核字（2016）第 228785 号

心理咨询与治疗系列教材
人为中心疗法
［英］伊万·吉伦（Ewan Gillon） 著
方双虎 等 译
Renwei Zhongxin Liaofa

出版发行	中国人民大学出版社		
社　　址	北京中关村大街 31 号	邮政编码	100080
电　　话	010-62511242（总编室）	010-62511770（质管部）	
	010-82501766（邮购部）	010-62514148（门市部）	
	010-62515195（发行公司）	010-62515275（盗版举报）	
网　　址	http：//www.crup.com.cn		
	http：//www.ttrnet.com（人大教研网）		
经　　销	新华书店		
印　　刷	三河市汇鑫印务有限公司		
规　　格	148 mm×210 mm　32 开本	版　次	2016 年 10 月第 1 版
印　　张	9.25 插页 1	印　次	2016 年 10 月第 1 次印刷
字　　数	204 000	定　价	29.90 元

版权所有　侵权必究　印装差错　负责调换